GUOJI SHIPIN FADIAN NONGYAO CANLIU
BIAOZHUN ZHIDING JINZHAN
（2018）

国际食品法典农药残留标准制定进展

（2018）

农业农村部农药检定所　组编

黄修柱　单炜力　叶贵标　袁龙飞　主编

中国农业出版社
北京

图书在版编目（CIP）数据

国际食品法典农药残留标准制定进展. 2018/农业农村部农药检定所组编；黄修柱等主编. —北京：中国农业出版社，2023.7
ISBN 978-7-109-30941-8

Ⅰ.①国… Ⅱ.①农… ②黄… Ⅲ.①食品污染-农药残留量分析-食品标准-世界-2018 Ⅳ.①TS207.5

中国国家版本馆 CIP 数据核字（2023）第 137094 号

中国农业出版社出版

地址：北京市朝阳区麦子店街 18 号楼
邮编：100125
责任编辑：阎莎莎　文字编辑：董　倪
版式设计：杨　婧　责任校对：吴丽婷
印刷：中农印务有限公司
版次：2023 年 7 月第 1 版
印次：2023 年 7 月北京第 1 次印刷
发行：新华书店北京发行所
开本：880mm×1230mm　1/32
印张：4.75
字数：132 千字
定价：49.00 元

编　委　会

前 言

FOREWORD

民以食为天，食以安为先。食品安全事关广大消费者的身心健康，是实现全国人民美好生活的最基本保障。食品安全也事关消除贫困、消除饥饿，是实现 2030 年全球可持续发展目标的基本要求。食品中包括农药在内的化学物质是全球食品安全的主要关注重点之一，农产品中农药残留是影响我国食品安全和农产品质量安全的重要因素之一。除了直接关系到广大消费者的身心健康，农产品中农药残留已经发展成为农产品国际贸易的重要技术壁垒，直接影响农产品和农药的销售和国际贸易，受到世界各国政府的高度重视和国际社会的普遍关注。

国际食品法典（CODEX ALIMENTARIUS）是国际食品法典委员会（CAC）组织制定的所有食品质量和安全标准的总称，包括食品标准、最大残留限量、行为准则、技术指南、指导指标和采用检查方法等。由于国际食品法典基于最新的科研成果，经过公开透明的制定程序，通过和成员协商一致而制定，目前得到世界普遍认可，并作为世界贸易组织（WTO）《卫生与植物卫生技术性措施协定》（SPS 协定）指定的仲裁标准，成为保护人类健康和促进全球食品公平贸易的重要措施。我国自 1983 年参加第一次 CAC 大会，1984 年成为 CAC 正式成员以来，积极参与 CAC 标准的制定工作，一直关注、参与、跟踪和研究国际食品法典的进展，为建立和完善我国食品和农产品质量安全体系提供了重要参考。国际食品法典农药残留委员会（CCPR）作为 CAC 设立最早的主题专业委员会之一，主要负责食品和饲料中农药最大残留限量法典标准的制定工作，是目前制定法典限量标准最多的委员会。我国于 2006 年成为 CCPR 的主席国，从 2007 年开始每年在我国召开一次 CCPR 年会。迄今为止，CCPR 已在我国北京、杭州、西安、上海、南京、重庆、海口、澳门等地召开了 13 届年会。通过组织 CCPR 年会，我们深入了解了农药残留法典标准制定的程序、风险评估原则和系列技术指南，以及主要成员关注的热点，对法典标准不但做到了知其然，还知其所以然，从而成功借鉴法典标准的程序和指南，构建了我国农药残留标准体系，将法典标准转化为国家标准，加快了我国农药残留国家标准制定的步伐。同时，深入参与 CCPR 年会议题的研究和讨论，提升了我国在国际标准制定中的话语权。深入参与国际标准制定，实现了我国制定农药残留国际标准零的突破，填补了我国制定法典农药残留标准的空白。

不同国家的实践和经验均表明，跟踪和研究 CAC 农药残留标准制定的最新进展，是提高农药残留标准制定能力和水平的有效举措。同时，跟踪和研究每届 CCPR 年会讨论审议的农药残留标准，也是我国作为 CCPR 主席国的基本职责。作为 CCPR 年会重要的筹备工作内容之一，CCPR 秘书处每年组建年会各项议题的研究专家组，对年会拟讨论议题进行系统、深入的研究，其中年会讨论的农药残留标准是其重要的议题之一，为主席主持会议提供技术支撑，为中国代表团准备参会议案和发言口径提供技术支持。

为确保供 CCPR 讨论和审议的标准草案具有充分的科学依据，联合国粮食及农业组织和世界卫生组织联合组建了农药残留联席会议（FAO/WHO Joint Meeting on Pesticide Residues，JMPR），为 CAC 和 CCPR 提供权威的科学评估和咨询意见。JMPR 由世界各地农药残留和农药毒理方面的权威专家组成，负责按照上年

CCPR 年会审议通过的农药残留标准制定优先列表，评审成员和农药公司提交的农药毒理学和残留数据，开展系统风险评估，推荐法典农药残留限量标准草案，供次年的 CCPR 年会讨论和审议。JMPR 评估的农药包括新评估农药、周期性评估农药和农药新用途评估三大类。其中，新评估农药是 JMPR 首次评估的农药，通常包括全套毒理学数据、农药在动植物中的代谢、环境归趋、残留分析方法、储藏稳定性、各国登记状况、田间残留试验、加工试验和动物饲喂试验等全套残留数据，结合各国、各地区膳食结构，开展风险评估，根据风险评估结果推荐农药最大残留限量标准草案。周期性评估农药是指首次评估 15 年后，对一些老的农药重新开展全套毒理学和农药残留评估，确保 CAC 农药残留标准符合最新的科学要求和人类健康需求，评估内容与首次评估农药基本一致。新用途评估农药是指首次评估或周期性评估后，增加了新的使用用途（新作物），评估新使用用途带来的风险变化，推荐新作物上农药残留限量标准。

　　为使更多的读者了解国际农药残留研究和标准制定的最新动态，为我国农药残留基础研究和标准制定提供更有意义的参考，CCPR 秘书处组织专家编写了《国际食品法典农药残留标准制定进展》系列丛书。本书为《国际食品法典农药残留标准制定进展》(2018)，主要根据 JMPR 2018 年 9 月在瑞士日内瓦召开的专家会议评估的内容和 2019 年 CCPR 年会审议内容而编著。

　　本书简要介绍了国际食品法典及 CCPR 历史和现状，以及 CAC 农药残留法典标准制定的程序，系统阐述了国际食品法典农药残留委员会风险分析原则，着重分析了 JMPR 在 2018 年会议上推荐的 8 种新评估农药、2 种周期性评估农药、19 种新用途评估农药的 364 项食品法典农药残留限量（Codex-MRLs）标准草案的评估过程和结论，并详细列出了新农药和周期性评估农药在世界各地区和各种相关农产品中的风险状况。本书是读者了解农药残留标准制定国际动态的权威著作，对从事农药领域教学、研究、检测和标准制定的管理部门、科研院校、检测机构具有重要参考价值，也适合农药生产、经营和使用者参阅，可以帮助关注农药残留的社会各界人士了解国际农药残留的相关动向。

虽然参与编著的专家均多次参加年会，长期从事农药残留和标准制定及相关的研究，但由于时间紧迫，知识水平有限，书中定会有很多不妥之处，请各位读者斧正。

编　者

2021年3月22日

主要英文缩略词

ADI	每日允许摄入量
ARfD	急性参考剂量
BMD	基准剂量
CXL	食品法典最大残留限量
EMRL	再残留限量
GAP	良好农业规范
GECDE	全球长期膳食暴露评估
GEMS	全球环境监测系统
HR	最高残留
HR-P	加工产品的最高残留值（由初级农产品中的最高残留值乘以相应的加工因子获得）
IEDI	国际估算每日摄入量
IESTI	国际估算短期摄入量
LOAEL	观察到有害作用最低剂量水平
LOQ	定量限
MRL	最大残留限量
NOAEL	未观察到有害作用剂量水平
PHI	安全间隔期
SPS	卫生与植物卫生技术性措施
STMR	残留中值
STMR-P	加工产品的规范残留试验中值（由初级农产品中的残留中值乘以相应的加工因子获得）
TBT	技术性贸易壁垒

目 录 ///////////////
CONTENTS

前言
主要英文缩略词

目　录

第一章 概　述

一、国际食品法典委员会

国际食品法典委员会（Codex Alimentarius Commission，CAC）[1] 是由联合国粮食及农业组织（FAO）[2] 和世界卫生组织（WHO）[3] 共同建立的政府间组织，通过负责确定优先次序，组织并协助发起食品法典（Codex）草案的拟定工作，以促进国际政府与非政府组织所有食品标准工作的协调，根据形势的发展酌情修改已公布的标准，最终实现保护消费者健康、确保食品贸易公平进行的宗旨[4]。

20 世纪 40 年代，随着食品科学技术的迅猛发展，公众对于食品质量安全及相关的环境、健康风险的关注程度不断提高。食品消费者开始更多地关注食品中的农药残留、环境危害以及添加剂对健康的危害。随着有组织的消费者团体的出现，各国政府面临的保护消费者免受劣质和有害食品危害的压力也不断增加。与此同时，各贸易国独立制定的多种多样的标准极大地影响了各国间的食品贸易，各国之间在制定食品标准领域内缺少协商，这给国家之间的商品贸易造成了极大的阻碍。随着世界卫生组织（WHO）和联合国粮食及农业组织（FAO）先后成立，越来越多的食品管理者、贸易商和消费者期望 FAO 和 WHO 能够引领食品法规标准的建设，减少由

---

① 　http：//www. fao. org/fao-who-codexalimentarius/home/en/
② 　http：//www. fao. org/home/en/
③ 　https：//www. who. int/en/
④ 　http：//www. fao. org/fao-who-codexalimentarius/about-codex/en/＃c453333

于标准缺失或标准冲突带来的健康和贸易问题。1961 年，FAO 召开的第 11 届大会通过了建立国际食品法典委员会的决议。1962 年 10 月，WHO 和 FAO 在瑞士日内瓦召开了食品标准联合会议，会议还建立了 FAO 和 WHO 的合作框架，并为第一次国际食品法典会议的召开做了准备。1963 年 5 月，第 16 届 WHO 大会批准了建立 WHO/FAO 联合标准计划的方案，并通过了《食品法典委员会章程》。1963 年 6 月 25 日至 7 月，国际食品法典第一次会议在罗马召开，这也标志着国际食品法典委员会正式成立。

截至目前，国际食品法典委员会共计有 189 个成员［包括 188 个国家和一个组织（欧盟）］和 237 个观察员（包括 58 个政府间组织、163 个非政府组织和 16 个联合国机构）。

CAC 下设秘书处、执行委员会和 6 个地区协调委员会，其下属的目前仍然处于活跃状态的有 10 个综合主题委员会、4 个商品委员会和 1 个政府间工作组①。

《国际食品法典》是 CAC 的主要工作产出，概括而言，《国际食品法典》是一套国际食品标准、食品操作规范和指南的集合，其根本目的是为了保护消费者健康和维护食品贸易的公平。截至 2017 年 7 月，CAC 共计发布了 78 项指南、53 项操作规范、623 项关于兽药的最大残留限量（MRL）、221 项商品标准、5 231 项农药的最大残留限量和 4 130 项食品添加剂最高限量。

二、国际食品法典农药残留委员会

国际食品法典农药残留委员会（Codex Committee on Pesticide Residues，CCPR）是 CAC 下属的 10 个综合主题委员会之一。CCPR 制定涉及种植、养殖农产品及其加工制品的农药残留限量法典标准，经 CAC 审议通过后，成为被 WTO 认可的涉及农药残留问题的国际农产品及食品贸易的仲裁依据，对全球农产品及食品贸易产生着重大的影响。

---

① http://www.fao.org/fao-who-codexalimentarius/committees/en/

　　CCPR 的主要职责包括：①制定特定食品或食品组中农药最大残留限量；②以保护人类健康为目的，制定国际贸易中涉及的部分动物饲料中农药最大残留限量；③为 FAO/WHO 农药残留联席会议（JMPR）编制农药评价优先列表；④审议检测食品和饲料中农药残留的采样和分析方法；⑤审议与含农药残留食品和饲料安全性相关的其他事项；⑥制定特定食品或食品组中与农药具有化学或者其他方面相似性的环境污染物和工业污染物的最高限量（再残留限量）①。

　　CCPR 原主席国为荷兰，自 1966 年第一届 CCPR 会议以来，荷兰组织召开了 38 届会议。2006 年 7 月，第 29 届 CAC 大会确定中国成为 CCPR 新任主席国，承办第 39 届会议及以后每年一度的委员会年会。CCPR 秘书处设在农业农村部农药检定所。截至 2018 年第 50 届 CCPR 年会，我国已经成功举办了 12 届 CCPR 年会，组织审议了 3 600 多项 CAC 农药残留标准和国际规则，CCPR 成为 CAC 制定国际标准最多的委员会。

三、FAO/WHO 农药残留联席会议（JMPR）

　　FAO/WHO 农药残留联席会议（Joint Meetings on Pesticide Residues，JMPR）成立于 1963 年，是 WHO 和 FAO 两个组织的总干事根据各自章程和组织规则设立的一个专家机构，负责就农药残留问题提供科学咨询，由 FAO 专家和 WHO 专家共同组成。JMPR 专家除了具备卓越的科学和技术水平，熟悉相关评估程序和规则之外，还要具备较高的英文水平。专家均以个人身份参加评估，不代表所属的机构和国家。WHO 和 FAO 在确定专家人选的时候，也充分考虑到专家学术背景的互补性和多样性，平衡专家所在国家的地理区域和经济发展情况②。FAO/WHO 农药残留联席

---

　　① 　FAO/WHO，2019. Codex Alimentarius Commission Procedural Manual. 27th edition.

　　② 　Call for submission of applications to establish a roster of experts as candidates for membership of the FAO Panel of the JMPR，2015.

会议是 CAC 主要专家机构之一，独立于 CAC 及其附属机构，确保该机构的科学、公正立场。

FAO/WHO 农药残留联席会议一般每年召开一次，也会根据农药残留标准制定的迫切需要召开特别会议（extra meeting）。FAO/WHO 农药残留联席会议主要职责是开展农药残留风险评估工作，推荐农药最大残留限量（MRL）建议草案、每日允许摄入量（ADI）和急性参考剂量（ARfD）等提供给 CCPR 审议。FAO/WHO 农药残留联席会议一般根据良好农业规范（GAP）和登记用途提出 MRLs，在特定情况下〔如再残留限量（EMRLs）和香辛料 MRLs〕根据监测数据提出 MRLs 建议。

FAO 专家组主要负责评估农药的动植物代谢、在后茬作物上的残留情况、加工过程对农药残留的影响、农药残留在家畜体内的转化、田间残留试验结果、农药环境行为以及农药残留分析方法等资料，确定农药残留定义，并根据 GAP 条件下的残留数据开展农药残留短期和长期膳食风险评估，推荐食品和饲料中最大农药残留水平、残留中值（STMR）和最高残留量（HR）[①]。

WHO 专家组负责评估农药毒理学资料，主要评估农药经口、经皮、吸入、遗传毒性、神经毒性或致癌性等急性、慢性等一系列毒理学资料，并在数据充足的情况下估算农药的每日允许摄入量（ADI）和急性参考剂量（ARfD）。

FAO/WHO 农药残留联席会议专家组根据风险评估的模型和方法，判断能否接受推荐的残留限量建议值，并将推荐的最大残留限量建议值供 CCPR 和 CAC 进行审议。

---

① FAO/WHO，2019. Codex Alimentarius Commission Procedural Manual. 27th edition.

第二章 国际食品法典农药残留委员会（CCPR）应用的风险分析原则

一、范　　围

本章阐述了 CCPR 与 FAO/WHO 农药残留联席会议（JMPR）各自对于风险分析原则的应用情况（前者为风险管理机构，后者为风险评估机构），以及对《食品法典框架内应用风险分析的工作原则》的统一应用。

二、最大残留限量（MRL）确定过程概述

围绕食品法典农药残留问题，CAC 和 CCPR 负责提供有关风险管理的咨询意见并进行决策，JMPR 负责开展风险评估。

法典 MRL 制定过程需要先有一个成员或观察员提名，提名通过后，CCPR 经商 JMPR 秘书处后确定评估优先次序和评价时间表。

WHO 核心评估小组评估毒理学数据。在数据充足的前提下，视需要估算每日允许摄入量（ADI）和急性参考剂量（ARfD）。

FAO 农药残留专家组评估登记使用模式、残留的环境行为、动植物代谢、分析方法，以及规范残留试验得出的残留数据，推荐食品和饲料中农药的残留定义和最大残留限量草案。

JMPR 风险评估需要测算短期（1 d）和长期膳食暴露量，并将其与相关的毒理学基准进行比较。食品和动物饲料中 MRL 基于

良好农业规范（GAP），同时考虑膳食摄入情况。由符合 MRL 标准的商品制成的食品被认为在毒理学上可接受。

基于 JMPR 报告和专论提供的信息，CCPR 审议 JMPR 的推荐建议。CCPR 审议通过后，将 MRL 建议草案提交给食品法典委员会，通过后成为食品法典 MRL（CXL）标准。有效的周期性审查为 CXL 制定提供了补充和改善。

CCPR 和 JMPR 应加强风险分析过程中各自的工作，确保形成的结果有科学依据、完全透明、充分记录，并及时向成员提供。

三、风险评估政策

CCPR 在编制 JMPR 农药评估优先列表时应考虑以下方面：

（1）CCPR 的职权范围；

（2）JMPR 的职权范围；

（3）食品法典委员会"战略计划"；

（4）农药被提名的要求，以及优先排序和列入时间表的标准。

在向 JMPR 提供农药评价名单时，CCPR 应提供背景情况并明确说明评价的理由。

在向 JMPR 提供农药评价名单时，CCPR 也可提出风险管理方案，并就伴随风险及可能的风险降低水平咨询 JMPR 的建议。

应 CCPR 要求，JMPR 审查 CCPR 正在考虑的用于评估农药最大残留限量的风险评估政策、方法和准则。

在制定法典农药残留标准时，如果除了 JMPR 风险评估和 MRL 建议值之外，还需要考虑与保护消费者健康和推动公平食品贸易相关的其他合理因素，则 CCPR 应当明确提出，并说明这样做的理由。

JMPR 在确定 ADI 和 ARfD（酌情）时要遵循透明、科学的风险评估过程。

JMPR 应与 CCPR 协商，持续修订 JMPR 开展风险评估的最低数据要求。

JMPR 秘书处在起草 JMPR 会议临时议程时，应审核资料是否满足最低数据要求。

1. MRLs 组限量

（1）动物源食品 MRLs 组限量。如果一种农药直接用于牲畜、养殖场或畜舍，或者用于动物饲料的作物或商品中有显著的农药残留，则需要开展家畜代谢研究。家畜饲养研究的结果和动物饲料中的残留量可作为估算动物源食品中农药最大残留限量的主要数据来源。

如果没有充分研究数据，则不应制定动物源食品 MRLs。如果没有动物转移数据，则不应制定饲料（和主要作物）MRLs。如果通过饲料饲喂，牲畜暴露于农药并导致动物源食品含有定量限的农药残留，则必须制定动物源食品定量限 MRLs。如果牲畜通过饲料暴露于农药残留，或来自直接使用农药处理的牲畜的某些具体食品（如牛肾），则应为动物源食品分组确定 MRLs，如可食用内脏（哺乳动物）。

如果直接用药物处理动物，与用含农药残留的饲料饲喂动物获得的动物源食品中的农药最大残留水平不一致，则不论这些建议值是由 JMPR 提出的，还是由 FAO/WHO 食品添加剂联合专家委员会（Joint FAO/WHO Expert Committee on Food Additives，JECFA）提出的，均应采用较高的建议值。

（2）脂溶性农药的 MRLs。符合下列因素的农药应被确定为脂溶性，并在残留定义中注明"残留物为脂溶性"：①如有代谢研究和牲畜饲养研究中关于肌肉与脂肪中或全乳与乳脂中残留物（按照定义）的分布数据，则据此确定一种残留物是否为脂溶性；②如果缺乏关于肌肉和脂肪中或乳与乳脂中残留物分布的有效数据，则正辛醇/水分配系数（logKow）＞3 的残留物可能为脂溶性。

对乳和乳制品来说，如果数据允许，要估算 2 个最大残留限量，全乳、乳脂分别估算一个。如有必要，可根据这 2 个值计算乳制品的 MRLs，同时要考虑脂肪含量及非脂肪部分的影响。

对于奶中的脂溶性农药残留的管理和监测来说，如果全乳和乳脂都制定了 CXLs，则应分析全乳中的残留量，并与全乳 CXLs 进行比较。

（3）香辛料的 MRLs。应按照 JMPR 确定的准则，根据监测数据制定香辛料 MRLs。

（4）加工、即食食品或饲料的 MRLs。JMPR 评价加工试验，得到加工系数，估算加工、即食食品或饲料中残留浓度，并用于膳食风险的评估。如有必要，可推荐加工、即食食品或饲料的 MRLs 建议值。

CCPR：①针对国际贸易中流通的重要加工食品和饲料制定 MRLs；②只有当估算的 MRL 结果高于相关初级农产品的 MRL，且加工系数大于 1.3（PF＞1.3）时，才需要为加工食品或饲料制定 MRLs；③由于某些残留物性质，其在某些特定过程中会出现或增加大量的相关代谢物，因此需要为加工食品或饲料制定 MRLs；④支持当前 JMPR 对提交的所有加工试验进行评价的做法，在评价或审查中应汇总所有经验证的加工系数。

2. 制定再残留限量（EMRL）

EMRL 针对的农药残留或污染物来源于环境，这些化合物之前被用于农业生产并残留于环境中，而不是目前对食品或饲料直接或间接使用农药的结果。食品法典委员会推荐在一种食品或动物饲料中法定允许的或认为可接受的某种农药残留的最高含量。

需要制定 EMRL 的农药可能在停用后相当长时期内仍持续存在于环境中，并且在食品或饲料中预期有足以引起关注的残留量，因而有必要对其进行监测。

为使 EMRL 估算结果更加适用于国际贸易，评估需要考虑所有相关的具有地区代表性的监测数据（包括零残留数据）。JMPR 制定了农药残留监测数据报告格式。

JMPR 需要比较数据分布，了解 EMRL 制定后可能出现的超标情况的百分比。

由于残留物逐渐衰减，如有可能，CCPR 应根据 JMPR 的复评每 5 年对现行 EMRL 进行评价。

四、风险评估

1. JMPR 的作用

JMPR 由 FAO 食品和环境中农药残留专家组及 WHO 核心评价专家组构成，是由 FAO 和 WHO 总干事按照两个组织的规则设立的独立科学专家机构，负责就农药残留问题提供科学咨询。

JMPR 主要负责开展风险评估和提出 MRLs 建议，为 CCPR 和 CAC 制定风险管理决策提供依据。JMPR 根据良好农业规范（GAP）/登记用途提出 MRLs 建议，也可以在特定情况下［如再残留限量（EMRLs）和香辛料 MRLs］根据监测数据提出 MRLs 建议。

JMPR 为 CCPR 提供以科学为依据的风险评估，包括 CAC 确定的风险评估四要素，即危害识别、危害特征描述、暴露评估以及风险特性描述，为 CCPR 讨论提供基础。

JMPR 应在其评估中明确并告知 CCPR 风险评估对一般人群和特定群体的适用性与制约因素，并且要尽可能明确对易受影响人群（如儿童）的潜在风险。

JMPR 应告知 CCPR 某种农药暴露评估和（或）危害特征描述中不确定性的来源。一旦解决这些问题后，应进一步完善风险评估。

2. 膳食摄入

JMPR 负责评价农药暴露。JMPR 应尽可能地开展暴露评估，基于全球数据进行膳食风险评估，包括发展中国家的数据。除全球环境监测系统的食品数据（GEMS/Food）外，还可以使用消费监测数据和暴露研究数据。GEMS/Food 膳食用于评估长期暴露风险。急性暴露计算基于各成员提供并经过 GEMS/Food 整合后的高百分位消费数据。

JMPR 为 CCPR 开展膳食暴露风险评估时，应使用 WHO 和 FAO 的指导文件。JMPR 推荐膳食摄入方面的规范试验残留中值（STMR）和最高残留量（HR）建议值。

JMPR 确定每日允许摄入量（ADI），并估算国际每日摄入量（IEDI）。JMPR 视需要制定急性参考剂量（ARfD），应对无须制定 ARfD 的情况进行说明。ARfD 确定后，JMPR 可根据自身确定的一套程序，估算一般人群和儿童（6 岁以下）的国际估算短期摄入量（IESTI）。

JMPR 应使用获得的最新、最完善的残留和消费数据计算 IEDI。如某一组或某几组 GEMS/Food 膳食组的 IEDI 超过 ADI，JMPR 在推荐最大残留限量建议值时应向 CCPR 说明具体情况。JMPR 还应说明完善 IEDI 所需的相关数据。

如果某种农药或膳食组合的 IESTI 超过 ARfD，JMPR 应在报告中说明引起急性摄入关注的具体情况，以及完善 IESTI 的可能性。

如果 IESTI 超过 ARfD 或者 IEDI 超过 ADI，JMPR 需要说明为进一步完善评估所需要的数据要求。各成员或观察员有机会提交新的数据，并应承诺在 4 年内提供数据。

在这种情况下，如果认为制定新 CXL 所提交的数据不充分，应使用 4 年规定。成员或观察员可向 JMPR 和 CCPR 承诺，在 4 年内为评价提供必要的数据。MRL 建议值可以保留不超过 4 年，等待对额外数据的审查。不得给予第 2 个 4 年周期。若无人承诺提供更多的信息，或尽管做出 4 年承诺但并未提供数据，CCPR 可以考虑撤回 MRL 草案。

短期膳食摄入量的测算需要大量的食品消费数据，而目前这类数据极度缺乏。因此促请各国政府收集相关的消费数据，并提交世界卫生组织。

五、风险管理

1. CCPR 的职责

CCPR 主要负责提供 MRL 等风险管理建议，供 CAC 审批。

CCPR 应基于 JMPR 对相关农药的风险评估结论向 CAC 提出风险管理建议，并酌情考虑与保护人类健康和促进公平食品贸易有关的其他合理因素。

如果 JMPR 已开展风险评估，但 CCPR 或 CAC 认为还需要进一步的科学指导，那么 CCPR 或 CAC 应向 JMPR 提出具体的支持其做出风险管理决定所需的进一步科学指导。

CCPR 在向 CAC 提出风险管理建议时，应考虑 JMPR 说明的相关不确定性。

CCPR 应仅考虑 JMPR 推荐的 MRL。

CCPR 的建议应基于 GEMS/Food 膳食提供的消费模式。GEMS/Food 膳食数据用于评估长期暴露风险。急性暴露的计算不以 GEMS/Food 膳食数据为基础，而以成员提供并经 GEMS/Food 整理的现有的食品消费数据为基础。

如果没有确证的分析方法用以支持某项农药 MRL 的监管，那么 CCPR 不应制定 MRL。

2. 提交 JMPR 评价的农药的选择

CCPR 每年都要与 JMPR 秘书处共同商定次年的 JMPR 评价时间表，并考虑对要在未来接受评价的农药进行优先次序排列。

（1）时间表和优先列表的准备程序。CCPR 每年提交 JMPR 农药评价时间表和优先列表，由 CAC 作为新工作予以批准，并要求重新组建优先列表电子工作组。

优先列表电子工作组负责编制 JMPR 农药评价时间表（次年需要开展的评价）交由 CCPR 审议，同时维护未来需要 CCPR 安排评价的农药优先列表。

时间表和优先列表通过以下表格提供。①表 1。CCPR 提议的农药评价时间表和优先列表（新农药、新用途或其他评价）。②表 2A。周期性审查时间表和优先列表。③表 2B。周期性审查清单（前次评价时间已超过 15 年但仍未列入评估时间表或优先列表的农药，15 年规定）。④表 3。周期性审查记录。⑤表 4。已无具体 GAP 数据支撑的农药/食品组合。

每年 CAC 秘书处都要在 CAC 会议之后的 1 个月内发出信函，邀请成员加入优先列表电子工作组。

每年 9 月初，电子工作组主席通过电子邮件，邀请电子工作组的所有成员或观察员就以下方面进行提名：①新农药；②JMPR 已经审查过的农药的新用途；③其他，如审查毒理学终点或替代GAP 所需的评价；④引发关注的农药的周期性评价，包括公共健康关注。

各成员或观察员应使用 FAO 手册提供的格式，提交新农药和已审查农药的新用途提名给电子工作组主席和 JMPR 联合秘书处。

提名表格应清楚地说明可用数据情况和国家评价情况，并说明需要评价的作物或残留试验数量。提名申请还应说明相关农药的当前国家登记状况。

其他评价和周期性审查的提名应通过附件 A 和附件 B 的关注表提供，辅以针对相关关注的科学数据。周期性审查的申请要求还应提供最新的评价、ADI 和 ARfD。

符合要求的提名将整合成一份清单，按照以下标准安排优先次序和时间计划：①当年 11 月 30 日之前收到的提名将被纳入议程文件草案，并在次年 1 月初作为通函发出；②成员和观察员应在通函发出后 2 个月内向电子工作组主席和 JMPR 联合秘书处提供反馈意见；③电子工作组主席根据反馈意见将新的提名纳入时间表和优先列表，并起草提交 CCPR 的议程文件，时间表应体现新农药、新用途、其他评价和周期性审查的工作任务的平衡；④电子工作组主席将根据 CCPR 会议全体讨论结果修改时间表和优先列表，起草 CRD（conference room document）文件交由 CCPR 审议，考虑到个别成员或观察员可能无法满足 JMPR 对新农药评价的数据提交期限的要求，CCPR 通过的时间表和优先列表将包括预留农药；⑤经过对 CRD 文件的全体讨论，CCPR 将确定次年的 JMPR 评价时间表，最终的时间表应考虑 JMPR 可用资源；⑥经过这个步骤，时间表就会关闭，不再纳入其他农药，但经 JMPR 秘书处同意，可能会针对已列入时间表的农药，增加其他的食品或饲料信息。

（2）提名进入 JMPR 评价优先次序和时间表的农药的提名要求与标准。

①新农药。

一是提名要求。提名被接受需满足以下要求：a. 有计划在成员所在地登记使用的农药；b. 提议审议的食品或饲料应在国际贸易中流通；c. 提名农药的成员或观察员承诺根据 JMPR 的数据提交要求提供审查所需的支持数据；d. 预计农药使用将会导致国际贸易流通的某种食品或饲料中的残留水平升高；e. 农药之前未被接受进入审议程序；f. 提名表信息完整。

二是优先排序的标准。编制时间表和优先列表时应考虑以下标准：a. 农药的提名时间，先提名的农药优先级别更高；b. 数据有效性的时间；c. 成员或观察员承诺提供审议所需支持性数据以及确切的数据提交日期；d. 提供制定 CXL 所需的食品或饲料信息，以及每种食品或饲料的试验数量。

三是安排时间表的标准。CCPR 安排农药在次年接受 JMPR 评价，必须符合：a. 该农药必须在某个成员所在地登记使用，且要在 JMPR 数据提交的截止期限前提供产品的标签；b. 如果农药使用后未达到能在食品和饲料中留下可检测到的残留水平，那么该农药的优先级会低于那些使用后能达到可测量残留水平的农药。

②JMPR 已审查过农药的新用途。

一是提名要求。应成员或观察员要求，之前经 JMPR 评价过的农药的其他用途可列入表1。

二是优先排序的标准。在对新用途评价安排优先次序时，优先列表电子工作组将考虑以下标准：a. 申请提交的日期；b. 成员或观察员承诺根据 JMPR 数据提交要求，提供审议所需的支持性数据。

三是安排时间表的标准。安排时间表的标准在本书的新农药部分有具体说明。

③其他评价。

一是提名要求。应 CCPR 或成员要求，之前经 JMPR 评价过的农药可在以下几种情况下列入清单，由 JMPR 开展进一步的毒理学和（或）残留评价：a. 某成员计划修改一种或多种食品或饲料的 MRL，例如基于替代 GAP；b. CCPR 要求对 JMPR 的推荐建议进行澄清或复审；c. 新的毒理学资料提示其 ADI 或 ARfD 发生显著变化；d. JMPR 在新农药评价或周期性审查过程中发现数据缺陷，且成员或观察员将提供所需资料；e. CCPR 根据 4 年规则决定将该农药列入时间表。

此种情况下，如已提交确证或修订一项现有 CXL 的数据不充分，可以使用 4 年规则，该 CXL 建议撤销。成员或观察员可向 JMPR 和 CCPR 承诺，在 4 年内提供审查所需的数据。现行 CXL 保留等待 JMPR 对额外数据的审查，保留时限不超过 4 年，也不授予第 2 个 4 年周期。

二是优先排序的标准。在对其他评价安排优先次序时，优先列表电子工作组将考虑以下标准：a. 收到请求的日期；b. 成员或观察员承诺根据 JMPR 数据提交要求提供审查所需的毒理学和（或）残留数据；c. 数据提交是否符合 4 年规则的要求；d. 提交原因，如应 CCPR 要求。

三是安排时间表的标准。安排时间表的标准在新农药部分有具体说明。

（3）周期性审查。超过 15 年没有进行毒理学审查和（或）15 年未对 CXL 进行重点审查的农药将列入时间表和优先列表的表 2B。

如果表 2B 中所列农药，已被成员或观察员提出关注（包括公共健康关注）并且被提名纳入表 2A，那么该农药将被考虑列入周期审查时间表。提名成员应提交附件 B 中的关注表以及相关支持性科学信息，交由 JMPR 秘书处或优先列表电子工作组审议。

　　根据审查所需数据的可供情况，表 2B 所列农药也可被提名列入表 2A，进入周期审查时间表。提名成员应提交相关毒理学和残留数据资料的名录和简要说明，交由 JMPR 秘书处或优先列表电子工作组审议。该成员应告知优先列表电子工作组，数据是支持部分 CXLs 还是全部 CXLs，并具体说明支持或不支持的 CXLs。

　　表 2B 所列农药，如果已有 25 年未进行周期审查，应提请 CCPR 予以关注，将该农药转入表 2A，随后列入审查时间表。

　　如果在审查附件 B 关注表以及相应科学资料时发现存在公共健康关注，那么之前接受过 15 年周期审查而未被列入表 2B 的农药，应被考虑纳入表 2A。

　　①表 2A 所列农药的时间表和优先次序安排标准。优先列表电子工作组和 CCPR 将在周期评价中考虑以下标准：a. 摄入和（或）毒性方面的科学数据是否表明存在一定程度的公众健康关注；b. 如果 CAC 未确定 ARfD，或已确定的 ADI 或 ARfD 引起了公共健康关注，并且提名成员可提供国家登记资料，及/或国家/区域评价结果表明存在公共健康关注；c. 有无近期国家审查确定的当前标签（经授权的 GAP）；d. CCPR 是否收到某成员关于该农药造成贸易干扰的通知；e. 提交资料的日期；f. 有无作为周期评价候选、可同期评价的密切相关农药；g. CCPR 同意根据 4 年规则将该农药列入时间表。

　　此种情况下，如果已提交的确证或修订一项现有 CXL 的数据不充分，应使用 4 年规则，该 CXL 建议撤回。成员或观察员可向 JMPR 和 CCPR 承诺在 4 年内为评价提供必要的数据。现行 CXL 保留时限不超过 4 年，等待对额外数据的审查并且不给予第 2 个 4 年周期。

　　②周期审查程序。一是对确定需要开展周期审查的农药，征集数据提交承诺。根据"提交 JMPR 评价农药的选择"章节中描述的过程和程序，确定某农药被列入周期审查名单。成员或观察员将获得 1 份周期审查通知。农药列入周期审查计划后，成员或观察员可在以下两种可能的状况下提供支持：案例 A，即农药由原有赞助

方提供支持，由其承诺提交完整的数据包，以满足 JMPR 的数据要求；如果原有赞助方不支持某些用途，则成员或观察员可提供支持。案例 B，即原有赞助方不再支持该农药，这种情况下，感兴趣的成员或观察员可以支持对该农药的审查。

二是承诺支持农药或当前 CXL，或新提议 MRL。根据 FAO 手册和 JMPR 对原有赞助方不再提供支持农药的考虑，成员或观察员应向优先列表电子工作组和 JMPR 联合秘书处承诺提供周期审查所需数据。案例 A 和案例 B 的数据，均应根据 JMPR 对相关案例的规定提交。

如某些用途不再获得制造商的支持，但应仍有成员或观察员支持；如果当前 GAP 支持当前的 CXL，则需要说明理由并提供相关标签；如 GAP 发生改变，则需要提供根据当前 GAP 开展的规范田间残留试验和相关试验数据，以便支持动物和加工食品中新的 MRL。

3. 制定程序

制定 MRL 加速程序的使用（"5/8 步"程序）。为加速 MRL 制定，CCPR 可建议 CAC 省略步骤 6 和步骤 7，直接在步骤 8 通过提议的 MRL。该程序被称为"5/8 步"程序。使用"5/8 步"程序的先决条件是：①新提议的 MRL 在步骤 3 分发征求意见；②JMPR 的电子版报告在 2 月初可以获得；③JMPR 没有提出摄入关注。

如果代表团对于推进 MRL 表示关注，则必须在 CCPR 会议召开前至少 1 个月依据"提交关注和澄清程序"规定的程序提交附件 A 中的关注表。如果 CCPR 会议讨论这项关注且 JMPR 立场保持不变，则 CCPR 将决定是否将该 MRL 建议值推进到步骤 5/8。如果 CCPR 会议无法解决这项关注，则该 MRL 草案将被推进到步骤 5，这项关注将根据提交关注和澄清程序规定的程序交由 JMPR 处理。其他满足上述条件的农药 MRL 草案推进到步骤 5/8。

JMPR 对这项关注的评审结果将在下届 CCPR 会议上审议。如果 JMPR 立场保持不变，CCPR 将决定是否将该 MRL 草案推进到步骤 8。

如果存在一组或多组膳食中 IEDI 超过 ADI 或 IESTI 超过 ARfD 的情况，或者一种或多种食品或饲料中 IESTI 超过 ARfD，则不能采用加速程序，应采用"膳食摄入"章节规定的程序。

4. 撤销 CXL

如果出现以下情况，应提议撤销 CXL：①依据周期评价程序认为确有必要撤销农药 CXL，包括超过 25 年未进行审查、成员或观察员不再支持；②JMPR 风险评估后认为新的科学数据表明农药使用可能会影响人体健康；③农药不再生产或销售，也没有剩余库存；④农药仍然生产，但不用于食品或饲料；⑤可能使用过该农药的食品或饲料没有国际贸易。

如果某种农药满足以上 1 个或多个条件，该农药 CXL 清单将被列入下届 CCPR 会议议程，讨论确定是否向 CAC 建议撤销 CXL。一旦 CAC 做出决定撤销 CXL，该决定将在 CAC 会议闭会一年后生效。

如果满足上述条件的某种农药在环境中长期存在，则应在撤销 CXL 之前考虑制定涵盖国际贸易应用的 EMRL。成员或观察员应说明保留 CXL 的必要性，CXL 保留不应超过 4 年。在此时间内，成员或观察员应提供支持必需的监测数据用于制定 EMRL。在 JMPR 评价监测数据，并且所有 CXL 被撤销后，CCPR 将决定是否制定 EMRL。

5. 提交关注和澄清程序

（1）涉及 MRL 草案推进或对某农药进行评价的关注。如果成员要对推进某一项 MRL 草案或评价某一种农药表示关注，应该在 CCPR 会议召开前至少 1 个月，填写关注表（附件 A），并提交 CAC 和 JMPR 秘书处，同时辅以科学数据。

JMPR 将评价关注表提供的科学数据。CCPR 会议将决定 JMPR 是否应该处理所提的关注，并根据 JMPR 的建议和工作量安排时间表。

如果关注表未能在 CCPR 会议召开前 1 个月提交，JMPR 将在下次会议上审议关注，CCPR 也将在那时对 MRL 的情况做出决定。

在考虑成员提出的关注时，在出现其他不同立场前，CCPR 应认可 JMPR 所持立场是当前最可行、国际层面最适用的科学立场。

对于特定农药、MRL 或 CXL，基于相同数据或资料的科学性关注，JMPR 仅审议一次。如提交的是同样的资料，JMPR 只需要简单说明，资料已经审查，因而不需要再次审查。

（2）涉及已评价农药的公共健康关注。如果成员计划对已评价农药进入优先列表表示公共健康关注，应基于公共卫生方面可能存在的较高级别的关注，并依据 JMPR 评价农药选择，填写并向优先列表电子工作组主席和 JMPR 秘书处提交关注表（附件 B），同时辅以相关支持性科学信息。

JMPR 商优先列表电子工作组后，将审议提交信息是否能够确证存在一定程度的公共健康关注，并在下届 CCPR 会议上提出建议。

如针对某农药的关注得到了 CCPR 支持，那么该农药将被赋予较高优先级别，并被安排在下一个可行年度评价。但如果成员或观察员不同意优先列表电子工作组的提议，则需要在下届 CCPR 会议召开 1 个月前，向优先列表电子工作组主席提交更多的科学数据。优先列表电子工作组将在下届会议上报告其建议。CCPR 将就优先排序做出最终决定。

（3）澄清要求。如成员要求对某种农药进行澄清，则必须填写附件 A 中的表格，说明他们希望澄清的 JMPR 评价中的具体内容。这种要求必须包括在对相关食典通函或其他食典文件的反馈意见中。JMPR 将在下届 JMPR 会议上处理这些澄清的要求，并在随后召开的 CCPR 会议上给出回应。CCPR 将记录所有回应或因澄清问题而做出的决策的改变。视 JMPR 对澄清请求的回应，与请求相关的 MRL 可通过法典"5/8 步"程序制定 CXL。

（4）处理风险评估程序的差异。如果 JMPR 通过关注表过程已经解决了针对当前 JMPR 风险评估程序提出的科学性关注，那么不应阻止 MRL 草案向前推进。若风险评估程序存在差异（即可变因素的使用、人类研究的使用），那么 CCPR 或 JMPR 必须尽可能限制这些差异。CCPR 应对此类问题的适当行动，可能包括将此问题转给：①JMPR，如果有更多的或新的资料，或者如果 CCPR 希望就风险评估向 JMPR 提供风险管理建议；②国家政府或区域机构进行讨论，并在下届 CCPR 会议上做出决定；③根据问题的性质，如有可用资源，则可开展科学磋商。建议 CCPR 采取此类行动的成员应提供支撑其建议的资料，交由 CCPR 审议。

六、风险通报

按照《食品法典框架内风险分析应用的工作原则》，CCPR 应与 JMPR 共同确保风险分析过程完全透明和全面记录，并将结果及时提供给成员和观察员。为确保 JMPR 评估过程的透明度，CCPR 对由 JMPR 正在起草和公布的与评估程序相关的准则提出意见。

CCPR 和 JMPR 认识到，风险评估者与风险管理者之间的良好交流对成功开展风险评估活动至关重要。CCPR 和 JMPR 应继续制定程序，加强两个机构之间的交流。

附件 A

用于表达推进一项 MRL 的关注或要求澄清关注内容的附表

提交方：			
日期：			
农药/农药代码	食品/食品代码	MRL/(mg/kg)	当前步骤
是否要求澄清？			
澄清要求（对于要求澄清的具体说明）。			
是否是一项关注？			
是否是一项持续关注？			
关注（具体说明对于推进 MRL 草案关注的原因）。			
是否希望在 CCPR 报告中提及这一关注？			
数据或资料（具体说明在 CCPR 会后一个月内，向相应的 JMPR 秘书提供的每项具体数据或资料）。			

附件 B

对一种农药列入周期性审查优先列表提出公共健康关注的附表

提交方：		
日期：		
农药/农药代码	食品/食品代码	CXL/(mg/kg)
是否是一项关注？		
这项关注涉及哪项优先次序安排标准（具体说明关注）？		
是否同时提供支持性数据？		
数据或资料（具体说明已经附上或者在 CCPR 会后一个月内将向优先列表电子工作组或相应的 JMPR 秘书处提供的每项具体数据或资料）。		
是否是一项持续关注？		
简要说明持续关注，并提供支持性数据。		

第三章 农药残留国际标准制定规则最新进展

农药残留国际标准制定规则包括农药毒理学和残留化学两个方面的内容,是指导农药残留国际标准的通用规则,为今后农药毒理学和残留资料评审、风险评估和限量制定提供科学指导。本章介绍FAO/WHO农药残留联席会议(JMPR)2018年会议期间讨论和确定的最新内容。

一、化合物毒理学特性以及"短于 生命周期"的膳食暴露评估

2015年JMPR会议提出了人们对"短于生命周期"暴露(即长于1d但短于一生的暴露)风险特征描述的关注,特别是农药残留超过1个季节或者1个生命阶段引起的暴露。即使终生(长期或慢性)膳食暴露低于每日允许摄入量(ADI),但短时间内超过ADI的膳食暴露仍可能对正常和易感人群产生负面影响。

2017年10月召开了JMPR和JECFA联合工作组会议,探讨了既用作农药又用作兽药的化合物长期膳食暴露评估的协调方法,认为有必要把风险评估中所使用的膳食暴露模型与化合物的毒理学特征更好地统一起来,确认选择合适的暴露模型,是由相关的毒理学终点(包括发病时间)所决定的。

作为后续行动,本次会议讨论了具有此类毒理学特征的农药残留的风险评估方案。

1. 毒理学考量

2018年JMPR会前召开了为期1d的毒理学和膳食暴露专家

会议，讨论了决策树方案以及如何恰当地描述农药毒理学效应以便更好地改进与暴露评估相关的更多事宜。

会前会议上专家一致认为，特殊人群在某一季节或某个生命阶段的膳食暴露，可能会导致短期超出 ADI，这其中存在潜在的毒理学关注。这些特殊人群是指胚胎或胎儿（发育毒性）、婴幼儿（0～6 岁）（后代毒性）以及消费过多含有农药残留食品的成年人。在决策树方案中，用于确定毒理学关注人群决策点的因子 3 是基于97.5 百分位的暴露量与消费者平均膳食暴露量的比值。会前会议观察到，当比较不同研究的分离点（POD）时，有必要考虑毒理学各自研究之间的差异性。例如，90 d 的大鼠毒性研究中使用的动物少于 2 年研究所用的动物数量。会议建议，如果是基于毒理学而不是基于暴露考量，那么当 POD 在一个数量级时（即相差不到10 倍），应被认为是相似的。因此建议将决策树因子修改为 10（而不是 3），作为决策点的触发因素。

在决策树方案中，第一个决定点即确定研究 ADI 基础的终点。一旦确定这种毒理学效应具有潜在毒性（如后代毒性），风险特征描述将通过比较相关亚群与 ADI 的暴露来完成。然而，对于 1 个或 2 个亚群（从最初的决定点）在短期内估计的膳食暴露仍有可能超过 ADI。因此，会议一致认为应对所有的情况进行评估。

会前会议讨论了哪些研究应用于分析"短于生命周期"的暴露。会议指出，对于大多数化合物来说，其毒理学效应的具体信息只能从大鼠试验中获得，因此这类数据应优先考虑。但是，如果其他物种有相应的信息，也应对此进行评估。关于狗的试验数据通常不适合这一评估，因为 3 个月和 1 年的研究都只涵盖了该物种生命周期的一小部分，因此不足以进行慢性（长期）暴露的毒性评估。由于未观察到不良作用水平（NOAEL）在暴露 2 周和 4 周之间的变化是罕见的，因此大鼠（和小鼠）4～104 周的试验研究应该可以提供足够的信息，用于评估是否具有"短于生命周期"暴露的特殊问题。因此，会前会议建议，对于这样的评估，在应用决策树时，应比较 4 周、90 d 和 2 年（或 1 年）大鼠研究的 PODs，以评估"短于生命周期"的暴露。数据库中的其他研究也可能会提供有关"短于生命周期"暴露的其他信息，如亲代动物的发育研究或生殖毒性或重复给药的神经毒性。

虽然有人担心随着动物年龄的增加，受试物的摄入量会随着体重的增加而减少（g/kg，以体重计，饲料消耗量随着年龄的增长而变化，特别是到20周龄时更为显著），但会前会议一致认为，剂量应以 mg/(kg·d)（以体重计）为基准进行比较，因为这是建立ADI时使用的剂量指标。会议认为在某种程度上，对于这种与年龄有关的暴露变化，建议使用因子10来比较PODs。会议指出，应该注意不同给药方案确定的PODs之间的差别，特别是灌胃和饮食两种给药方案，在大鼠中进行的发育毒性研究与慢性（长期）毒性研究的比较中，通常会出现这种差异情况。

在狗的研究中，如果建立ADI的基础是3个月和12个月的关键研究所获得的PODs，这已经代表了"短于生命周期"的暴露。因此将2年大鼠研究中的PODs与狗研究中的PODs进行比较，可用于确定是否存在任何其他的"短于生命周期"暴露的问题。一般来说，如果2年大鼠研究中的PODs（ADI所基于的）比狗研究中的PODs高10倍以上，则不需要进一步评估。与PODs相比，大鼠的发育和后代毒性数据仍然是必要的。

对于有必要制定急性参考剂量（ARfD）的化合物，如果制定ARfD所基于的POD与制定ADI所基于的POD在数值上相同，如果儿童和普通人群的急性暴露（即持续时间少于24 h的暴露）无须关注（即急性暴露估计值低于ARfD），则无须考虑"短于生命周期"暴露。会前会议指出，当制定ARfD所基于的POD略高于制定ADI所基于的POD时［即POD（ARfD）/POD（ADI）＞1］，则需要通过分析合适的数据集来确定适当的限值。

会前会议讨论了比母体化合物毒性更大的农药代谢物的问题。在大多数情况下，长期研究的数据无法用于代谢产物。如果有可能就代谢物相对于母体化合物的效力得出结论，则代谢产物的毒理学性质将与母体化合物相同，且在风险特征描述中可以使用效力因子。否则，应尽可能将决策树应用于代谢物。

总之，会议认为，需要修订决策树方案，以便更好地反映基于健康指导数值的不确定性，并且不论制定 ADI 的依据如何，都应考虑所有毒理学暴露情景（发育、后代、短于生命周期）。需要通过修订决策树方案来解决这些问题，以及解决今后与 JECFA 专家协商时可能发现的其他问题。

WHO 在 2017 年 JMPR/JECFA 工作组会后，利用 JECFA 制定的决策树方案开展了一次试点工作（图 3-1-1）。此次会前会议上，专家介绍和讨论了化合物的毒理学分析结果。总的来说，决策树方案很容易遵循，尽管该方案存在一些问题，但这些问题在会前会议上已经讨论并解决。会议一致认为，这项试点工作的结果——使用系数为 3 的决策树方案的结果的比较，将列入 2018 年会议的报告（表 3-1-1）。表 3-1-1 仅供参考，并非是对这些物质的最终毒理学分析。

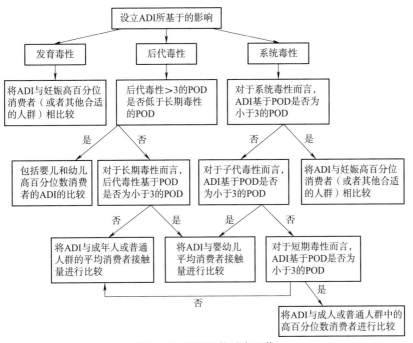

图 3-1-1 WHO 的试点工作

表 3-1-1   JMPR 先前未评价的化合物的毒理学概况摘要（仅供参考）

农药	设立 ADI 所基于的研究	ADI 上限/（mg/kg）（以体重计）	ARfD/（mg/kg）（以体重计）	孕妇潜在的问题	对后代潜在的问题	对"短于生命周期"暴露潜在的问题
乙虫腈	发育毒性（兔子）	0.005	0.005	显著	没有	没有
环酯啶菌胺	18 个月毒性（小鼠）	0.05	不需要	中度	不适用	没有
二甲醚菌胺	1 年毒性（狗）	0.2	3	没有	中度	没有
达草呋	1 年 6 个月毒性（狗）	0.005	0.3	中度	没有	没有
氟唑菌酰羟胺	2 年毒性（大鼠）	0.1	0.3	没有	没有	显著
甲氧苯啶菌酮	2 年毒性（大鼠）	0.09	不需要	没有	没有	没有
噻苯线唑	2 年毒性（大鼠）	0.05	0.5	没有	没有	显著

2. 膳食暴露的考虑

JMPR 将估算的普通人群长期膳食暴露平均值与 ADI 进行比较，ADI 可能不适用于评估"短于生命周期"的暴露风险。JECFA 等其他专家组目前采用的方法是将估算的长期膳食暴露与普通人群的 ADI 进行比较，同时将"短于生命周期"的暴露与特殊人群（包括高量消费人群）的 ADI 进行比较。

现阶段，会议根据 WHO 全球环境监测系统-食品污染监测和评估计划（GEMS/Food）的膳食消费数据集，计算普通人群的长期（慢性）平均膳食暴露估算值（国际估算每日摄入量或 IEDI），将这些估算值与 ADI 进行比较，确定每种农药残留的风险。GEMS/Food 包括每个国家普通人群多年的平均膳食消费数据，这些数据被分成 17 个群组，每个群组包含人均消费的食物量，以 g/d 为单位。然而，受限于 FAO 数据的性质，IEDI 计算不能为特定年龄、性别的群体或消费过多含有农药残留食品的人群提供信息，而这些数据可能是评估"短于生命周期"的暴露风险所必需的。

作为试验的一部分，JECFA（兽药）在 2012 年开发的全球长期膳食暴露评估（GECDE）模型，被用于评估人群亚组"短于生命周期"的农药残留膳食暴露量。这些亚组主要是指通过毒理学分析决策树确定的毒理学关注人群。例如，成年人中的高量消费人群、育龄妇女和婴幼儿（0～6 岁）。GECDE 模型基于对国内具有广泛代表性的个人食品消费调查数据的汇总统计，同时考虑到一种商品在高水平上的消费（仅限消费者）以及剩余商品的总体平均消费水平。

适用于 GECDE 模型的膳食消费数据可在 WHO 的长期个体食物消费汇总统计（CIFOCOss）数据库中获得，其中包含从国家调查（每个调查参与者有两个或更多记录）中得出的汇总食品消费数据。每项调查中的膳食消费数据（如所报告的），在得出普通人群或特殊人群的总体统计数据之前，要先除记录数量取平均数，并仅对每种食品的消费者进行统计。汇总数据适用于使用 GECDE 的长期膳食暴露评估。然而，在某些情况下，需要将报告的食物消费数据转换为相应的原材料数量，因此不可能从现有的汇总统计数据中得出暴露者（即吃过一种或多种含有农药残留的食品的人）的总体平均值。

本书第 4 章给出了 2018 年会议评估的所有农药的 IEDI 结果。JMPR 同时应用毒理学分析决策树，进行了新评价的试点试验，还使用了每个国家的 CIFOCOss 调查数据估算了普通人群膳食暴露的平均值，以及毒理学关注人群的 GECDE。结果汇总在表 3-1-2 中，仅供参考。

一般来说，使用 CIFOCOss 数据库中国家个体消费调查数据来估算普通人群对特定残留物的平均膳食暴露量的结果低于 17 个膳食数据组中最高 IEDI 群组的估计值。GECDE 模型中高量消费者的膳食暴露估计值，与本次试验中考虑大多数农药残留的最高 IEDI 群组的估计值在同一数量级上。对于一些特殊人群，则使用 GECDE 获得的估计膳食暴露量高于最高 IEDI 群组的估计值。

3. 结论

会议一致认为，决策树方案是一个有用的办法，有必要开展进一步的工作。WHO 的 JECFA 和 JMPR 秘书处将召集一个电子工作组来完成这一任务。

表3-1-2 对易感人群估计的农药残留膳食暴露概要（仅限新的评价）

农药	人口总体评估	IEDI/[μg/(kg·d)]（以体重计）	平均膳食暴露量（CIFOCOssb）/[μg/(kg·d)]（以体重计）	GECDE（CIFOCOssb）/[μg/(kg·d)]（以体重计）	ADI上限/(μg/kg)（以体重计）	IEDI作ADI上限的百分比/%	平均膳食暴露量为（CIFOCOss）为ADI上限的百分比/%	GECDE（CIFOCOss）作为ADI上限的百分比/%
乙虫腈	普通人群	0.05~0.3	0~0.34	0~1.26	5	1~6	0~7	0~25
	育龄妇女	0.05~0.3	0~0.4	0~0.64	5	1~6	0~8	0~13
环酰菌胺	普通人群	0.000 9~0.08	0.001~0.004	0~0.09	50	0	0	0
	育龄妇女	0.000 9~0.08	0~0.02	0~0.09	50	0	0	0
达草灭	普通人群	0.2~0.9	0~0.79	0~3.2	5	3~20	0~16	0~65
	育龄妇女	0.2~0.9	0~1.12	0~3.2	5	3~20	0~22	0~65
氟唑菌酰羟胺	普通人群	0.003~0.29	0.01~0.11	0.04~4.1	100	0	0	0~4
	成年人	0.003~0.29	0.03~0.18	0.35~1.34	100	0	0	0~1
甲氧苯哒菌酮	普通人群	0.03~0.77	0~0.1	0~3.2	90	0	0	0~4
噻苯线唑	普通人群	0.01~0.12	0~0.03	0~0.2	50	0	0	0
	成年人	0.01~0.12	0.02~0.06	0.06~0.15	50	0	0	0

ADI：每日允许摄入量。CIFOCOss：个体长期膳食消费—汇总统计。GECDE：长期膳食暴露的全球估计。IEDI：国际估算每日摄入量。

会议指出，今后的 JMPR 会议中，除了 IEDI 结果，根据国家调查数据估算的潜在膳食暴露也是有益的，因为它可以向风险评估者和风险管理者提供关于特殊人群的额外信息。会议认为，为实现这一目的，GECDE 是一个适用模式。然而，在将其纳入 JMPR 一般程序之前，还需要更深入地开展进一步的工作。开展相关工作，需要提高 WHO 国家调查食品编码的一致性，以便将其纳入 CIFOCOss 数据库。会议注意到，WHO 目前正在使用 FoodEx2 编码更新该数据库，这将解决编码仅用于报告消费食品这一问题。

会议建议进一步与 JECFA 讨论这些因素在协调农兽药（特别是既能作农药又能作兽药的化合物）风险评估方面的适用性。

（1）CIFOCOss 数据库中的每项全国性调查中，对于特定年龄组的 GECDE 模型，需先计算每种商品的高百分位膳食暴露量，并制定田间试验监管残留中值（STMR）。如果一种商品的消费者超过 180 人，则只计算消费者的第 97.5 百分位膳食暴露量；如果消费者超过 60 人但少于 181 人，则计算第 95 百分位膳食暴露量；如果消费者超过 30 人但少于 61 人，则计算第 90 百分位膳食暴露量；如果消费者超过 10 人但少于 31 人，则计算中位膳食暴露量；如果消费者少于 11 人，则计算法典商品编码的全部人口的平均膳食暴露量。

（2）CIFOCOss 数据库全国调查数量：全体人口，进行 7 次调查；成年人，进行 15 次调查；成年妇女，进行 2 次调查；育龄妇女，进行 2 次调查；6 岁以下儿童，进行 2 次调查；1 岁至 3 岁幼儿，进行 9 次调查。

（3）就表 3-1-2 而言，ADI 以 μg/kg（以体重计）表示，而不以常用的 mg/kg（以体重计）表示。

二、申请者提交所有数据的要求

在 JMPR 数据征集中，要求申请者提交所有已发表和未发表的数据和研究，以进行化合物的毒理学和残留评估。

关于氟啶胺，申请者没有提交在毒性研究所使用的批次毒理学相关杂质水平的关键信息，尽管这些信息已经提供给了很多监管机构。因此，会议无法对氟啶胺进行评估。

对于二甲醚菌胺，尽管 JMPR 在会前一再要求申请者提供有关环境行为的数据和其他登记标签，但截至会议开始时，并未收到相关信息。在对评估草案进行审查后，有申请者提交了另外 18 份关于环境行为和田间残留试验的研究报告，这些信息是残留定义确定和膳食风险评估所必需的。考虑到将收到大量新的数据及其可能对结论产生的影响，会议无法及时完成对化合物的评估，因此，会议决定将评估推迟到 2019 年。

迟交的文件会给专家带来额外的负担，最终导致评估延迟。为了更好地利用专家和联合秘书处的时间和资源，使 JMPR 能够开展以科学为依据的风险评估，JMPR 再次强调了提交所有化合物及其代谢物的完整数据的重要性。

三、21 世纪危害特征描述：JMPR 使用新方法评估数据

2012 年 JMPR 首次讨论使用新的毒理学评估方法"Tox 21"（也称 NAM）生成的数据，讨论进行农药残留膳食暴露风险评估的潜在可能性。JMPR 客观评估了使用该方法产生的数据，并将其与传统毒性试验获得的结果比较，以确定它们在农药评估方面的适用性和作用。2013 年会议上，JMPR 重申了这一提议，并同意从 2014 年开始，将该提议列入 JMPR 评估数据的定期征集中。此后 5 年左右的时间里，除评估数据外，JMPR 没有收到任何此类资料。因为 NAM 生成的数据足以用于相关评估，所以在任何情况下，申请者都没必要对体内的具体影响进行评估。

目前还不清楚为什么会这样。在与申请者的讨论中发现，用来支持产品开发的这类数据确实存在，然而申请者似乎很不愿意将它们与使用常规体内试验产生的数据进行单独比较。美国环境保护署（USEPA）和欧盟委员会等监管机构设想未来将这些新方法应用于农药评估中，并投入了巨大资源以实现这一目标。

因此，被监管和监管机构确有必要熟悉这些新方法在农药危害特性描述中的优缺点。NAM 将为体内试验提供一对一的替代方案。除此之外，NAM 将提供另一种用于评估关注终点（或方法开发中已证实的必要前体）风险的方法。JMPR 建议将其评估的实践经验用于其他机构未来制定监管指南。因此，JMPR 重申其提议，并敦促申请者至少提交一些研究案例，供 JMPR 会议审议。

四、食品中化学品风险评估原则和方法修订的最新情况

1. 基准剂量法

JMPR 成员们在几次 JMPR 会议使用基准剂量（BMD）方法时指出，自 WHO 关于 BMD 方法的指南（环境卫生标准 EHC 239 和 EHC 240 *）发布后，出现的一些问题并未在目前的指导文件中得到充分解决。因此，2016 年，JMPR 会议建议更新 EHC 240，并将自指南发布以来在剂量反应建模方面使用 BMD 方法所获得的经验纳入其中。JECFA 也在一些评估中使用了 BMD 方法，考虑到新的科学发展，JECFA 同样建议更新该指南。

因此，WHO 秘书处成立了一个由 JECFA 和 JMPR 专家以及该领域其他专家组成的工作组，修订和更新 EHC 240 的第 5 章。工作组不仅需要更新关于剂量反应建模方面的 BMD 方法，还需要整合 PODs 部分，以及使用这些 PODs 制定的人体健康指导值。2019 年春季的专家会议将对修订后的文本进行讨论，之后确定最终文本，并在征询公众意见后在 WHO 网站上公布，以取代 EHC 240 的现有章节。

2. 遗传毒性评估

在 2016 年 5 月的会议上，JMPR 评估了草甘膦和马拉硫磷的毒性。这两种化合物的毒理学数据库很大，包括不同质量和设计的研究。对于遗传毒性尤其如此。在评估这些数据时，很明显，

---

*　EHC 240：Environmental Heath Criteria 240。——编者注

EHC 240 第 4.5 节中的指南没有涵盖一些需要考虑的关键点。因此，2016 年 5 月的会议建议，考虑目前所获得的经验，制定一份用于评估遗传毒性研究的指导文件。

此外，根据 JECFA 的建议，指南需要解决那些几乎没有遗传毒性数据的问题，联合秘书处召集了一个由 JMPR 和 JECFA 专家以及该领域的其他专家组成的工作组，更新和扩展 *EHC 240* 的第 4.5 节。在 2018 年 10 月举行的专家会议将讨论修订后的文案，随后确定最后的文本，并在征询公众意见后在 WHO 网站上公布，以取代现有的 *EHC 240* 中的某些部分。

五、微生物效应

在农业中使用的农药，特别是杀菌剂，能控制作物中的植物病原体，可能导致食物中有农药残留，而残留物通过食物摄入，可与人类胃肠道中的微生物相互作用。肠道微生物是一个多样的微生物群落，由细菌、真菌、病毒和原生动物组成。杀菌剂或其他农药的残留会破坏肠道微生物，包括真菌群落，可能会对肠内平衡和人体免疫系统造成影响。因此，2017 年的 JMPR 建议，可参考 JECFA 为兽药建立分析微生物 ADI 和 ARfD 时所使用的分步决策树法，开展农药对肠道微生物群影响的研究。

2018 年，JMPR 对杀菌剂环酯啶菌胺、氟啶胺、二甲醚菌胺、氟唑菌酰羟胺和甲氧苯啶菌酮进行了评估，确定它们对胃肠道微生物群的影响。由于申请者没有提交数据，因此使用搜索引擎进行了文献检索。使用的搜索引擎包括：谷歌学术、谷歌搜索引擎、PubMed、Web of Science、Bio One 和 Science Direct。

搜索使用的关键字包括杀菌剂的化学名称（环酯啶菌胺、氟啶胺、二甲醚菌胺、氟唑菌酰羟胺和甲氧苯啶菌酮）、化学结构、抗菌作用方式、抗菌活性谱、抗菌耐药性、抗性机制和遗传学、微生物组、微生物群、肠道微生物群、肠道微生物组、胃肠道微生物群、胃肠道微生物组等。运用的布尔运算符为"和""或""否"。

通过广泛搜索和查阅科学文献，未发现任何与 2018 年 JMPR 评估的杀菌剂对肠道微生物的影响及其毒理学风险评估相关的报道。最近的文献阐述了微生物群对于维持肠道健康方面的关键作用，这是一个重要的信息缺口。

六、JMPR 程序的透明度

JMPR 是一个科学机构，出版两种类型的著作——JMPR 报告和 JMPR 专著。

JMPR 专家根据任务，在会前根据原始研究数据、申请者提交的毒理学和残留资料、相关的公开科学文献和 CAC 成员提供的数据来撰写 JMPR 专著。这些专著详细描述和评价了农药毒理和残留研究的设计和结论，包括提交的数据汇总表。专家们仔细审查研究描述、数据和提交表格的完整性、准确性和一致性。

JMPR 报告由专家在会议期间编写，并经全体成员讨论后通过。报告包括了对专著中汇编数据的评价和解释，总结了膳食暴露中可能存在的风险。

会议注意到，JMPR 报告包括原始出版物，JMPR 专著则包含研究说明和申请者提交的表格。会议认为，使用提交的材料是合理的。

会议同意由秘书处撰写一份免责声明，列入今后的 JMPR 专著中。

七、用于 IESTI 计算的大份额膳食数据回顾

FAO 和 WHO 定期收集大份额膳食数据，供 JMPR、JECFA 及其他国际科研机构开展急性膳食暴露评估时使用。这些数据来源于人类的 1 d 或一餐（或某一食品）内膳食量的 97.5 百分位数。

上一次数据征集是 2012 年启动的，2019 年计划将进行新的数据征集。为了获得国家间具有可比性的数据，此次数据征集应制定

切实可行的程序，构建合乎统计学要求的消费者人数，并在必要时将食品膳食量数据转换成相应的初级农产品（加工过的和未加工的）数据，进而计算出每种农产品膳食量的 97.5 百分位数。JMPR 鼓励各成员及相关机构积极响应该工作，完成各自数据的更新。

八、更新膳食暴露计算的 IEDI 和 IESTI 模型：依据修订后的食品法典分类标准和新的大份额膳食数据进行商品分组

为了方便评估，2003 年 JMPR 会议同意采用电子表格自动计算膳食暴露。荷兰国家公共卫生与环境研究所（RIVM）与 WHO/GEMS/Food 合作，构建了用于长期膳食暴露的 IEDI 模型和用于急性膳食暴露的 IESTI 模型。IEDI 模型于 2014 年 JMPR 会议更新，而 IESTI 则更新于 2017 年的 JMPR 会议。

2017 年，CAC 修订了蔬菜、谷物和饲料组的作物分类。为了与修订后的作物分类保持一致，IEDI 与 IESTI 模型也被进行了相应修订。此外，CAC 关于水果组的修订也体现在了 IEDI 与 IESTI 模型中。

此外，由于双用途（兽药与农药）化合物的膳食评估数据未来极有可能通用，所以现有的鱼类膳食数据也被加入了这两个模型中。

除此之外，本届会议还将来自芬兰及欧洲食品安全局（EFSA）的第 3 版 PRIMo* 中的大份额膳食的最新数据加入 IESTI 模型中。EFSA 的第 3 版 PRIMo 也考虑了芬兰、法国、德国、荷兰以及英国提交到 WHO/GEMS/Food 的数据。为了避免第 3 版 PRIMo 与 JMPR 的 IESTI 模型存在分歧，模型中这些国家各自的大部分大份额膳食相关内容都被替换成了第 3 版 PRIMo 中相应食

---

* PRIMo：Pesticide Residue Intake Model，农药残留摄入模型。

品的大份额膳食数据。当第 3 版 PRIMo 中没有相应食品时，则保留各国的原始大份额膳食数据。目前的模型包含了来自澳大利亚、巴西、加拿大、中国、日本、泰国，以及 13 个欧洲国家和美国的大部分人群的膳食量数据。

2018 年 JMPR 使用的 IEDI 模型、IESTI 模型以及 IESTI 中大份额膳食数据总览可以在 WHO 及 FAO 网站上获取。

九、重新推荐果菜类蔬菜（葫芦科除外）的组限量

第 50 届 CCPR 会议上一些参会代表提出关注，指出 2017 年 JMPR 没有推荐部分农药在番茄及辣椒组的组（亚组）限量。JMPR 秘书处认同该关注，指出基于欧盟及加拿大提供的信息，2018 年 JMPR 将会重新评估辣椒亚组（角胡麻、秋葵、玫瑰茄除外）的组限量。

此次 JMPR 会议并没有收到作物上有相关残留的数据，而是收到了相关国际及地区性政策、指导文件的信息。

此次会议收到了欧盟提供的：①欧盟关于限量外推及作物分组的指导文件（关于设定 MRL 时的可比性、外推、组限量及数据要求的指导方针，SANCO7525/VI/95 Rev. 10.3，2017 年 6 月 13 日）；②欧盟作物分组清单［委员会条例（EU）2018/62，2018 年 1 月 17 日，替代欧洲议会和理事会（EC）No 396/2005 规章附件 I］。

会议收到了加拿大提供的关于外推必要商品限量值的政策方针。加拿大的文件还表示，在比较欧盟关于秋葵、甜椒和玫瑰茄的限量值时发现，只要这些作物中存在可以定量的残留，其 MRL 的设定值都是一样的（400 个限量值只有 3 个不同）。然而，欧盟称他们未在角胡麻及玫瑰茄中检测到残留。除此之外，这次会议指出，欧盟关于秋葵的最大残留限量值可能是由辣椒外推得来的，因此不具有较高的参考价值。

会议回顾了作物组分类的指导原则和标准（CL2017/22-PR），指出作物组需要具备如下特征：①商品中的农药残留可能相似；

②具备相似的形态；③具备相似的栽培方法、生长习性等；④具有可食用部分；⑤具备相似的农药使用 GAP；⑥具备相似的残留行为；⑦设置组（亚组）限量具有灵活性。

为了给亚组组内外推提供依据，会议评估了番茄及辣椒亚组作物的潜在残留。对于叶面喷施的农药，其残留量在很大程度上取决于原始沉积量，而原始沉积量又取决于植物本身的一些参数，包括果实与茎叶的相对比表面积、果实与叶表面（蜡质面与毛面）浸润性以及植物形态等。

叶面喷施农药当天的残留情况可以很好地反映不同作物的相对残留潜力。随着时间的推移，组间及亚组间作物生长对农药的稀释程度不同，进而会对较长间隔期后的残留量有潜在影响，但是残留潜力的排名顺序在很大程度上保持不变。

初始喷雾后，沉积物的量可以通过单次喷雾当天商品中的残留水平来获得。为了扩大数据库，会议认为也可以使用多次喷雾后获得的试验数据，只要有足够的证据证明，前次施药的残留不超过最后检测残留值的 25% 就可以。本次会议参考了 1993 年至 2017 年期间的 JMPR 评估报告，并辅以其他一些公开数据，如发表的科学论文及欧盟的评估报告草案，从而建立了一个初始残留水平数据库。该数据库将施药量都归一化为了 1 kg/hm²。

不同作物的原始沉积量以箱线图的形式汇总在了图 3-9-1 中。这些箱子覆盖了 50% 的值（第 25 到 75 百分位数），而虚线覆盖了 95% 的值，黑实线表示中位数。

1. 番茄亚组

基于现有的作物品种信息，很难将作物按照尺寸分类，所以番茄亚组的数据并没有再细分成樱桃番茄与其他番茄。角醋栗（Cape gooseberries）的数据来自澳大利亚农药和兽药管理局，并征得了数据所有者的同意。番茄亚组（012A）中，初始残留的中值为 0.52 mg/kg（n=213），角醋栗（含壳）为 0.47 mg/kg（n=2）。数据解决了 2017 年 JMPR 报告提出的问题，也就番茄残留值这一内容向整个亚组作物的外推提供了依据。

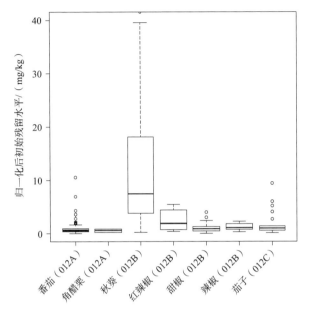

图 3-9-1 果菜类蔬菜（葫芦科除外）的原始沉积量
（施药量归一化为 1 kg/hm²）

2. 辣椒亚组

辣椒亚组（012B）中秋葵的初始残留中值为 7.4 mg/kg（$n=$ 108），远远高于亚组内其他作物的初始残留中值，例如，红辣椒的为 1.8 mg/kg（$n=9$），甜椒的为 0.74 mg/kg（$n=40$），以及非甜椒的为 1.1 mg/kg（$n=4$）。这表明相同 GAP 条件下，辣椒中的残留值并不能很好地代表秋葵中的残留值。根据农作物分组的原则和标准，这一发现可以通过作物与秋葵大小和形状的差异以及果实形态引起的相对不同残留行为来解释。

本次会议证实了 2017 年 JMPR 得出的关于辣椒亚组的结论：现有数据表明，秋葵的残留值与辣椒的残留值不同。虽然 JMPR 没有将辣椒、玫瑰茄和角胡麻上的残留数据进行比较，但作物生长习性、大小和形状的差异使得本届会议质疑甜椒和非甜椒上的残留值能否代表秋葵、角胡麻和玫瑰茄等作物的残留值。在缺少秋葵、角胡麻和玫瑰茄等作物中的残留数据的情况下，本次会议决定推荐 VO 0051 辣椒亚组的组限量（秋葵、角胡麻和玫瑰茄除外）。

3. 茄子亚组

在缺少茄子上残留数据、茄子与番茄具有相同 GAP 的情况下，JMPR 会将番茄作物的残留限量外推至茄子作物上。如前所述，叶面喷施农药施用当天的残留情况能够有效代表不同作物的相对残留行为。茄子作物的初始残留量中值为 0.97 mg/kg（$n=28$），番茄作物的初始残留量中值为 0.52 mg/kg（$n=213$）（图 3-9-1）。如果将番茄作物的残留限量外推至茄子作物，可能会导致茄子作物的最大残留限量过低。本次会议发现辣椒作物上的初始残留量水平与茄子作物相近（甜椒 0.74 mg/kg，$n=40$；非甜椒 1.1 mg/kg，$n=4$）。这表明辣椒作物是外推茄子作物最大残留限量的更好选择。

会议同意在 GAP 允许限量外推的情况下，应该基于辣椒作物的残留限量来确定茄子亚组的残留限量。

会议认为，不论是用辣椒作物的数据集还是用番茄作物的数据集来外推茄子作物的残留限量，都会使得残留限量值偏高。

十、基于急性膳食暴露概率模型评估 IESTI 公式的初步结果

作为 IESTI 评估的一部分，针对不同人口或国家的食品中 47 种农药残留的急性膳食暴露评估，应由 WHO 基于概率方法并结合国家居民膳食量调查及官方监测项目中农药残留浓度开展评估工作。

各国提交的数据、概率评估方案，以及澳大利亚、美国的初步结果已由 WHO 秘书处提交给了 JMPR 以供参考。目前尚未收到进一步的意见。包含巴西、加拿大和 4 个欧洲国家（捷克、法国、意大利和荷兰）数据的最终报告将提交给 2019 年会议。

第四章　2018 年制定农药最大残留限量标准新进展概述

　　2018 年 9 月 12—27 日，联合国粮农组织（FAO）和世界卫生组织（WHO）农药残留联席会议（JMPR）2018 年年会在德国柏林的联邦风险评估研究所（BfR）召开。来自中国、美国、英国、澳大利亚、德国等国家的 40 多名专家和 JMPR 的 FAO 秘书处、WHO 秘书处、国际食品法典委员会（CAC）秘书处的官员参加了会议。会议共评估了 33 种农药的残留及毒理学试验资料，基本信息列表详见表 4-1-1 至表 4-4-1。

　　其中，乙虫腈、环酯啶菌胺、氟啶胺、二甲醚菌胺、氟草敏、氟唑菌酰羟胺、甲氧苯碇菌酮和噻苯线唑共 8 种农药属于首次评估农药；抑霉唑和醚菌酯共 2 种农药属于周期性评估农药；阿维菌素、灭草松、虫螨腈、溴氰虫酰胺、氰霜唑、敌草快、唑螨酯、咯菌腈、氟唑菌酰胺、异丙噻菌胺、高效氯氟氰菊酯、虱螨脲、双炔酰菌胺、氟噻唑吡乙酮、丙溴磷、霜霉威、吡唑醚菌酯、吡丙醚和氟啶虫胺腈共 19 种农药属于新用途评估农药；苯并烯氟菌唑、嘧菌环胺、氟吡菌酰胺和丙环唑共 4 种农药属于关注事项评估农药。

　　2018 年 FAO/WHO 农药残留联席会议共推荐了 364 项农药最大残留限量，其中，新制定农药最大残留限量 257 项，修改农药最大残留限量 64 项，删除农药最大残留限量 43 项。这些农药最大残留限量将经 CCPR 第 51 届年会审议通过后成为国际食品法典标准。

一、首次评估农药

　　2018 年 FAO/WHO 农药残留联席会议首次评估了共 8 种新农

药，分别为二甲醚菌胺、氟草敏、氟啶胺、氟唑菌酰羟胺、环酯啶菌胺、甲氧苯碇菌酮、噻苯线唑和乙虫腈，相关研究进展如表 4-1-1 所示。

表 4-1-1　首次评估农药的相关进展

序号	农药中文名	农药英文名	法典农药编号	主要评估内容
1	二甲醚菌胺	mandestrobin	307	开展了毒理学评估，推荐了 ADI 和育龄妇女 ARfD；开展了残留评估
2	氟草敏	norflurazon	308	开展了毒理学评估，推荐了 ADI 和 ARfD；开展了残留评估，推荐了其在紫花苜蓿，及蛋、奶等动物源农产品中的 9 项农药最大残留限量
3	氟啶胺	fluazinam	306	开展了毒理学评估和残留评估
4	氟唑菌酰羟胺	pydiflumetofen	309	开展了毒理学评估，推荐了 ADI 和 ARfD；开展了残留评估，推荐了其在干制葡萄和爬藤小果亚组中的 2 项农药最大残留限量
5	环酯啶菌胺	fenpicoxamid	305	开展了毒理学评估，推荐了 ADI；开展了残留评估，推荐了其在香蕉中的 1 项农药最大残留限量
6	甲氧苯碇菌酮	pyriofenone	310	开展了毒理学评估，推荐了 ADI；开展了残留评估，推荐了其在甘蔗浆果亚组、灌木浆果亚组等植物源农产品中的 6 项农药最大残留限量
7	噻苯线唑	tioxazafen	311	开展了毒理学评估，推荐了 ADI 和 ARfD；开展了残留评估，推荐了其在棉花渣等植物源农产品、蛋等动物源农产品和玉米秸秆（干）等饲料中的 15 项农药最大残留限量
8	乙虫腈	ethiprole	304	开展了毒理学评估，推荐了 ADI 和 ARfD；开展了残留评估，推荐了其在咖啡豆等植物源农产品和可食用内脏（哺乳动物）等动物源农产品中的 14 项农药最大残留限量

二、周期性再评价农药

2018 年 FAO/WHO 农药残留联席会议共评估了 2 种周期性再评价农药，分别为醚菌酯和抑霉唑，相关研究进展如表 4-2-1。

表 4-2-1　限量标准周期性再评价农药的相关进展

序号	农药中文名	农药英文名	法典农药编号	主要评估内容
1	醚菌酯	kresoxim-methyl	199	开展了毒理学评估，推荐了 ADI；开展了残留评估，推荐了其在大麦等植物源农产品、可食用内脏（哺乳动物）等动物源农产品和谷物秸秆等饲料中的 33 项农药最大残留限量
2	抑霉唑	imazalil	110	开展了毒理学评估，重新确定了其先前推荐的 ADI 和 ARfD；开展了残留评估，推荐了其在香蕉等植物源农产品、可食用内脏（哺乳动物）等动物源农产品和大麦秸秆（干）等饲料中的 26 项农药最大残留限量

三、新用途农药

2018 年 FAO/WHO 农药残留联席会议共评估了 19 种新用途农药，分别为阿维菌素、吡丙醚、吡唑醚菌酯、丙溴磷、虫螨腈、敌草快、氟啶虫胺腈、氟噻唑吡乙酮、氟唑菌酰胺、高效氯氟氰菊酯、咯菌腈、灭草松、氰霜唑、虱螨脲、双炔酰菌胺、霜霉威、溴氰虫酰胺、异丙噻菌胺和唑螨酯，相关研究进展如表 4-3-1。

表 4-3-1　新用途农药评估的相关进展

序号	农药中文名	农药英文名	法典农药编号	主要评估内容
1	阿维菌素	abamectin	177	开展了残留评估，推荐了其在黑莓、甜玉米亚组等植物源农产品中的 15 项农药最大残留限量

（续）

序号	农药中文名	农药英文名	法典农药编号	主要评估内容
2	吡丙醚	pyriproxyfen	200	开展了残留评估，推荐了其在黄瓜、茄子等植物源农产品中的 10 项农药最大残留限量
3	吡唑醚菌酯	pyraclostrobin	210	开展了毒理学评估和残留评估，推荐了其在芦笋等植物源农产品、可食用内脏（哺乳动物）等动物源农产品和稻秸秆（干）等饲料中的 38 项农药最大残留限量
4	丙溴磷	profenofos	171	开展了残留评估，推荐了其在咖啡豆中的 1 项农药最大残留限量
5	虫螨腈	chlorfenapyr	254	开展了毒理学评估和残留评估，推荐了其在辣椒（干）等植物源农产品、哺乳动物脂肪等动物源农产品和大豆饲料中的 22 项农药最大残留限量
6	敌草快	diquat	31	开展了残留评估，推荐了其在大麦等植物源农产品、哺乳动物脂肪（乳脂除外）等动物源农产品和大麦秸秆（干）等饲料中的 15 项农药最大残留限量
7	氟啶虫胺腈	sulfoxaflor	252	开展了残留评估，推荐了其在可食用内脏（哺乳动物）等动物源农产品、玉米等植物源农产品和稻秸秆（干）等饲料中的 15 项农药最大残留限量
8	氟噻唑吡乙酮	oxathiapiprolin	291	开展了残留评估，推荐了其在柑橘类水果等植物源农产品、可食用内脏（哺乳动物）等动物源农产品和玉米饲料等饲料中的 25 项农药最大残留限量
9	氟唑菌酰胺	fluxapyroxad	256	开展了毒理学评估和残留评估，推荐了其在紫花苜蓿等饲料和柑橘类水果等植物源农产品中的 10 项农药最大残留限量
10	高效氯氟氰菊酯	lambda-cyhalothrin	146	开展了毒理学评估，重新确定了其先前推荐的 ADI 和 ARfD

（续）

序号	农药中文名	农药英文名	法典农药编号	主要评估内容
11	咯菌腈	fludioxonil	211	开展了残留评估，推荐了其在鳄梨等植物源农产品和蛋等动物源农产品中的 25 项农药最大残留限量
12	灭草松	bentazone	172	开展了残留评估，推荐了其在干豆亚组等植物源农产品、可食用内脏（哺乳动物）等动物源农产品中的 8 项农药最大残留限量
13	氰霜唑	cyazofamid	281	开展了残留评估，推荐了其在洋葱鳞茎亚组等植物源农产品中的 2 项农药最大残留限量
14	虱螨脲	lufenuron	286	开展了残留评估，推荐了其在咖啡豆等植物源农产品、可食用内脏（哺乳动物）等动物源农产品中的 11 项农药最大残留限量
15	双炔酰菌胺	mandipropamid	231	开展了残留评估，推荐了其在可可豆等植物源农产品、可食用内脏（哺乳动物）等动物源农产品中的 11 项农药最大残留限量
16	霜霉威	propamocarb	148	开展了残留评估，推荐了其在可食用内脏（哺乳动物）、哺乳动物脂肪（乳脂除外）等动物源农产品中的 4 项农药最大残留限量
17	溴氰虫酰胺	cyantraniliprole	263	开展了残留评估，推荐了其在蔓越莓等植物源农产品和稻秸秆（干）等饲料中的 9 项农药最大残留限量
18	异丙噻菌胺	isofetamid	290	开展了残留评估，推荐了其在樱桃亚组、具荚豆亚组等植物源农产品中的 11 项农药最大残留限量
19	唑螨酯	fenpyroximate	193	开展了残留评估，推荐了其在樱桃番茄等植物源农产品和可食用内脏（哺乳动物）等动物源农产品中的 7 项农药最大残留限量

四、JMPR 对 CCPR 特别关注化合物的回应

2017 年，CCPR 第 49 次会议对 JMPR 推荐的 4 种农药限量标准提出了特别关注，2018 年 JMPR 对这些关注给予了回应，这些特别关注化合物分别为苯并烯氟菌唑、丙环唑、氟吡菌酰胺和嘧菌环胺，相关研究进展如表 4-4-1。

表 4-4-1　特别关注化合物的相关研究进展

序号	农药中文名	农药英文名	法典农药编号	主要评估内容
1	苯并烯氟菌唑	benzovindiflupyr	261	由于 2016 年 JMPR 对豆类（干）和豌豆（干）设立了相关 MRL，而其他豆类亚组还未有 CXL，致使豆（干）和豌豆（干）产品出口处于不利地位。生产商要求将两者的 MRL 外推至其他豆类亚组。对此，JMPR 表示，由于 GAP 条件的不同，豆类（干）的 MRL 不能外推至其全部亚组。JMPR 最终决定将当前推荐的豆类（干，VD 0071）MRL 外推至亚组 15A、干豆类（VD 2065），不包括大豆；将推荐的豌豆（干，VD 0072）MRL 外推至亚组 15B、干豌豆（VD 2066）
2	丙环唑	propiconazole	160	欧盟对 2017 年 JMPR 利用 CF*3 平均值（3 倍变异系数）方法来推荐丙环唑采后施用的 MRL 以及缺乏采后施用的代谢数据提出关注。对此，JMPR 表示，由于采后施用预计的同质残留更多，因此不需要考虑低标准差，因此 CF*3 平均值方法是合理的。同时，JMPR 认为丙环唑的残留物定义可以涵盖采后施用，2017 年 JMPR 评估的采后施用的残留数据适用于估算最大残留限量，以及 STMR、HR 的估算和长短期膳食风险评估

（续）

序号	农药中文名	农药英文名	法典农药编号	主要评估内容
3	氟吡菌酰胺	fluopyram	243	JMPR 根据氟吡菌酰胺在稻谷中的 MRL 和相关加工系数分别推荐了糙米和精米的限量标准。JMPR 还重新讨论了其对于番茄和辣椒亚组的外推规定，并同意将先前推荐的番茄 MRL 外推到番茄亚组，取代以往对于番茄和樱桃番茄的推荐限量
4	嘧菌环胺	cyprodinil	207	欧盟对 2017 年 JMPR 利用 CF $\times$ 3 平均值方法来推荐嘧菌环胺采后施用的 MRL 以及缺乏采后施用的代谢数据提出关注。对此，JMPR 表示，由于采后施用预计的同质残留物更多，因此不需要考虑低标准差，因此 CF $\times$ 3 平均值方法是合理的。同时，JMPR 认为嘧菌环胺的残留物定义可以涵盖采后施用，2017 年 JMPR 评估的采后施用的残留数据适用于估算最大残留限量，以及 STMR、HR 的估算和长短期膳食风险评估

五、CCPR 审议结果

乙虫腈（304）

CCPR（简称委员会）注意到欧盟、挪威和瑞士对咖啡豆、可食用内脏（哺乳动物）、蛋、哺乳动物脂肪（乳脂除外）、肉（哺乳动物，除海洋哺乳动物）、奶、家禽肉、可食用内脏（家禽）、家禽脂肪和糙米（去壳）的拟议 MRLs 持保留意见，且欧盟正在对其相关毒理学数据进行评估。针对欧盟、挪威和瑞士对 JMPR 报告中缺乏膳食负担计算的问题，JMPR 秘书处表示将在勘误中添加关于膳食负担的计算。委员会同意按照 2018 年 JMPR 的建议将所有

MRLs 草案推进至第 5/8 步*。

环酯啶菌胺（305）

委员会根据 2018 年 JMPR 的建议，同意将环酯啶菌胺在香蕉上的 MRL 草案推进至第 5/8 步。

氟啶胺（306）

JMPR 秘书处告知委员会，由于数据不足，JMPR 在 2018 年无法对氟啶胺完成评估。

二甲醚菌胺（307）

委员会注意到，2018 年 JMPR 制定了二甲醚菌胺的 ADI 和 ARfD，但由于一些关键数据提交较晚，没有足够的时间完成评估，因此未推荐其 MRLs 草案。

氟草敏（308）

委员会注意到欧盟、挪威和瑞士对可食用内脏（哺乳动物）、蛋、哺乳动物脂肪（乳脂除外）、肉（哺乳动物，除海洋哺乳动物）、奶、家禽脂肪、家禽肉、可食用内脏（家禽）的拟议 MRLs 持保留意见，并等待欧盟正在进行的评估结果。针对毒理学研究的总体质量较差、缺乏代谢物（NOA-452075）遗传毒性数据，以及缺乏对家畜膳食负担的可靠计算等问题，JMPR 秘书处表示，此代谢物在大鼠体中以痕量浓度检出，因此 2018 年 JMPR 认为氟草敏不大可能引发公共健康关注。委员会根据 2018 年 JMPR 的建议，同意将所有 MRLs 草案推进至第 5/8 步。

氟唑菌酰羟胺（309）

委员会注意到欧盟、挪威和瑞士对爬藤小果亚组的 MRL 持保留意见，有待欧盟正在进行的评估结果。委员会同意按照 2018 年 JMPR 的建议将拟议的干制葡萄和爬藤小果亚组的 MRLs 推进至第 5/8 步。

甲氧苯碇菌酮（310）

委员会同意按照 2018 年 JMPR 的建议将所有拟议的 MRLs 推

---

* 食品法典农药残留限量标准的制定通常分为八步，具体参见附录。

进至第 5/8 步。

噻苯线唑（311）

委员会注意到欧盟、挪威和瑞士对棉籽、可食用内脏（哺乳动物）、蛋、玉米、哺乳动物脂肪（乳脂除外）、肉（哺乳动物，除海洋哺乳动物）、奶、家禽肉、可食用内脏（家禽）、家禽脂肪和大豆（干）的拟议 MRLs 持保留意见，并等待欧盟正在进行的评估结果。针对欧盟、挪威和瑞士对几种动物源性商品 MRLs 较低的担忧，JMPR 秘书处表示，建议残留限量处于或略高于定限量（LOQ）。委员会根据 2018 年 JMPR 的建议，同意将所有 MRLs 草案推进至第 5/8 步。

抑霉唑（110）

委员会注意到欧盟、挪威和瑞士对柠檬和酸橙亚组（包括圆佛手柑）、橙亚组（甜、酸，包括类似橙子的杂交品种）、香蕉、马铃薯和可食用内脏（哺乳动物）的拟议 MRLs 持保留意见，因为他们已经确定了马铃薯对消费者的急性风险，且正等待进行中的马铃薯毒理学评估结果。委员会还注意到日本对拟议的马铃薯的残留限量标准持保留意见，因为他们已经确定了马铃薯中残留的抑霉唑对 1～6 岁儿童的急性摄入问题。委员会同意将柠檬和酸橙亚组（包括圆佛手柑）以及橙亚组（甜、酸，包括类似橙子的杂交品种）的 MRLs 草案推进至第 5/8 步，并在 4 年规则下保留其他柑橘水果的食品法典最大残留限量（CXLs），等待 JMPR 在 2021 年进行评估。委员会同意将 2018 年 JMPR 推荐的其他 MRLs 草案推进至第 5/8 步，同时撤销所对应的 CXLs。委员会还决定撤销以下商品的 CXLs：黄瓜、腌制用小黄瓜、瓜类（除西瓜外）、日本柿子、仁果类水果、覆盆子（红、黑）和草莓。

醚菌酯（199）

委员会同意将所有拟议的 MRLs 推进至第 5/8 步，并撤销所对应的 CXLs。同时撤销 2018 年 JMPR 所推荐的黄瓜、葡萄柚、仁果类水果、橙亚组（甜、酸，包括类似橙子的杂交品种）、大麦和小麦的 CXLs。委员会注意到欧盟、挪威和瑞士表示更低的残留限量对于几种动物源农产品更加充分。JMPR 秘书处告知委员会，动物源农产品（除可食用内脏）的 CXLs 都是通过 LOQ 来建议的。委员会同意欧盟、挪威和瑞士对于维持仁果类水果的 CXLs 的请求，并等待 2023 年的数据。

阿维菌素（177）

由于欧盟对阿维菌素的残留定义不同，欧盟、挪威和瑞士对藤蔓浆果亚组、葡萄、绿洋葱亚组和香草亚组拟议的阿维菌素 MRLs 持保留意见。委员会同意按照 JMPR 的建议，撤销拟议的黑莓、韭菜、覆盆子（红、黑）上的 CXLs，将其他所有 MRLs 草案推进至 5/8 步，并撤销相关的 CXLs。

灭草松（172）

由于欧盟对灭草松在植物源和动物源农产品中的残留的定义不同，欧盟、挪威和瑞士对拟议的干豆亚组、干豌豆亚组、可食用内脏（哺乳动物）、哺乳动物脂肪（乳脂除外）、肉（哺乳动物，海洋哺乳动物除外）、奶中的 MRLs 持保留意见。委员会按照 2018 年 JMPR 的建议决定撤销灭草松在豆类（干）、紫花豌豆（干）、菜用大豆的 CXLs，将其他所有 MRLs 草案推进至第 5/8 步，并撤销相关的奶 CXL。

虫螨腈（254）

由于在利用校正因子估计代谢物残留水平时采用了不同的风险评估方法以及对茶的急性摄入问题的关注，欧盟、挪威和瑞士对除果类蔬菜、瓜类、辣椒类、辣椒（干）以外的所有拟议的 MRLs 持保留意见，且正在等待欧盟正在进行的评估结果。委员会根据 2018 年 JMPR 的建议，同意将所有 MRLs 草案推进至第 5/8 步。

溴氰虫酰胺（263）

委员会根据 2018 年 JMPR 的建议，同意将所有拟议的 MRLs 草案推进至第 5/8 步，并撤销了葫芦科瓜类蔬菜的 CXLs。

氰霜唑（281）

委员会注意到欧盟、挪威和瑞士对大葱亚组的拟议 MRLs 持保留意见，因为根据欧盟的政策，大葱亚组（细香葱除外）的

MRL 为 2 mg/kg，细香葱的 MRL 为 6 mg/kg。对此，JMPR 秘书处解释称，根据细香葱残留数据中值的 5 倍范围，估算得出大葱亚组的 MRL 为 6 mg/kg。委员会同意按照 2018 年 JMPR 的建议将所有洋葱鳞茎亚组和大葱亚组 MRLs 草案推进至第 5/8 步。

敌草快（31）

委员会注意到由于敌草快代谢物毒理学的相关问题，欧盟、挪威和瑞士对大麦、鹰嘴豆（干）、干豆亚组、干豌豆亚组、哺乳动物脂肪（乳脂除外）、家禽脂肪、黑麦和小黑麦的拟议 MRLs 持保留意见。委员会同意将 2018 年 JMPR 推荐的其他 MRLs 草案推进至第 5/8 步，同时撤销所对应的 CXLs。委员会还决定撤销以下商品的 CXLs：燕麦、小麦、未加工的麦麸、小麦面粉和全麦。委员会还建议撤销 2013 年 JMPR 推荐的豆类（干）的 CXL。

唑螨酯（193）

委员会同意在第 4 步保留杏、樱桃、桃、李（包括鲜李）和西瓜的 MRLs，等待 2020 年 JMPR 评估。委员会同意将可食用内脏（哺乳动物）、哺乳动物脂肪（乳脂除外）、肉（哺乳动物，除海洋哺乳动物）、奶和番茄的 MRLs 草案推进至第 5/8 步，同时撤销所对应的 CXLs。委员会同意按照 2018 年 JMPR 的建议撤销樱桃番茄的 MRL 草案，按照 2017 年和 2018 年 JMPR 的建议撤销除葫芦科和红辣椒（干）以外的水果蔬菜的 CXLs。

咯菌腈（211）

委员会注意到欧盟、挪威和瑞士对芹菜、绿洋葱亚组、十字花科叶类蔬菜亚组、菠萝和石榴的拟议 MRLs 持保留意见，且正在等待欧盟正在进行的周期性评估结果。委员会同意将所有 MRLs 草案推进至第 5/8 步并撤销相关的 CXLs，同时按照 2018 年 JMPR 的建议撤销绿芥菜和球茎洋葱的 CXLs。

氟唑菌酰胺（256）

委员会注意到欧盟、挪威和瑞士对柑橘类水果的拟议 MRL 草案持保留意见，因为其缺乏建立 CXL 组的试验。委员会同意将柑橘类水果和柑橘香精油（可食）的 MRLs 草案保留在第 4 步，等待 2019 年 JMPR 重新审议。委员会同意将其他拟议的 MRLs 草案推进至第 5/8 步，并撤销相关的 CXLs。

异丙噻菌胺（290）

委员会同意将灌木浆果亚组、干豆亚组［大豆（干）除外］和干豌豆亚组的拟议 MRLs 保留在第 4 步，根据欧盟、挪威和瑞士对推导计算得出的结果提出的保留意见（灌木浆果亚组）和评论（其余上述商品），等待 2019 年 JMPR 进行重新评估。委员会同意将2018 年 JMPR 推荐的其他 MRLs 草案推进至第 5/8 步。

虱螨脲（286）

委员会得知欧盟规定的肉（哺乳动物，除海洋哺乳动物）中的 MRL 可能与 JMPR 拟议的标准有所不同，这是因为欧盟规定的残留限量标准是针对肌肉，而非肉类。委员会同意将所有拟议的 MRLs 草案推进至第 5/8 步，并撤销相关的 CXLs。

双炔酰菌胺（231）

委员会根据 2018 年 JMPR 的建议，同意将所有拟议的 MRLs 草案推进至第 5/8 步，并撤销马铃薯的相关 CXL。

氟噻唑吡乙酮（291）

委员会注意到欧盟、挪威和瑞士对拟议的 MRLs 持保留意见，对于初级植物源农产品是因为他们正在对代谢物 IN-WR791 的毒理学特性进行评估，对于动物源农产品是因为预估的家畜膳食负载之间存在差异。委员会同意将 2018 年 JMPR 推荐的所有 MRLs 草案推进至第 5/8 步，同时撤销所对应的 CXLs。对于动物源农产品，委员会还决定撤销以下商品的 CXLs：可食用内脏（哺乳动物）、哺乳动物脂肪（乳脂除外）、肉（哺乳动物，除海洋哺乳动物）和奶。

丙溴磷（171）

委员会同意将推荐的咖啡豆 MRL 草案推进至第 5/8 步。

霜霉威（148）

委员会注意到欧盟、挪威和瑞士对可食用内脏（哺乳动物）、哺乳动物脂肪（乳脂除外）、肉（哺乳动物，除海洋哺乳动物）和奶的拟定 MRLs 持保留意见，因为其与委员会在残留物定义的方面存在差别。JMPR 审查了生产商在 2018 年提交的牲畜数据，重新评估了其先前对于甘蓝、结球甘蓝和甘蓝类蔬菜的建议。委员会同意按照 2018 年 JMPR 建议将所有拟议的 MRLs 草案推进至第 5/8 步，并撤销相关的 CXLs。

吡唑醚菌酯（210）

委员会注意到欧盟、挪威和瑞士对以下拟议的 MRLs 草案持保留意见：结球莴苣和仁果类水果，由于其存在急性风险问题；可食用内脏（哺乳动物）、哺乳动物脂肪（乳脂除外）、肉（哺乳动物，除海洋哺乳动物）和奶，由于考虑到饲养条件研究的必要性；根类蔬菜亚组，由于缺乏甜菜根和糖用甜菜根的相关试验；菠菜，由于 2018 年 JMPR 报告中的 HR 不正确；以及茶叶，由于其残留试验的数量不足。委员会注意到由于对巴西消费者的急性风险问题，巴西对拟定的结球莴苣的 MRL 草案持保留意见。JMPR 称 1 份新的根类蔬菜亚组分类已经提交用以开展 2019 年的 JMPR 评估，并且将重新审议根类蔬菜的 CXLs。JMPR 秘书处澄清报告中的菠菜 HR 0.91 mg/kg 来自原始数据，生产商应提供正确的数据。委员会决定在第 4 步保留所推荐的根类蔬菜亚组和菠菜的 MRLs，并保留胡萝卜、糖用甜菜根和萝卜的 CXLs，等待 JMPR 对根类蔬菜亚组 MRL 的重新评估结果和制造商对菠菜 HR 的修正结果。委员会同意按照 2018 年 JMPR 的建议将所有其他 MRLs 草案推进至第 5/8 步，并撤销相关的 CXLs。

吡丙醚（200）

委员会同意根据 2018 年 JMPR 的建议将所有拟议的 MRLs 草案推进至第 5/8 步。

氟啶虫胺腈（252）

委员会同意按照 2018 年 JMPR 的建议，撤销以往的氟啶虫胺腈的相关 CXLs 及拟议的树生坚果 MRL，将其他所有氟啶虫胺腈 MRLs 草案推进至 5/8 步。

第五章 2018 年首次评估农药残留限量标准制定进展

2018 年 FAO/WHO 农药残留联席会议首次评估了共 8 种新农药，分别为二甲醚菌胺、氟草敏、氟啶胺、氟唑菌酰羟胺、环酯啶菌胺、甲氧苯碇菌酮、噻苯线唑和乙虫腈，相关研究结果如下。

一、乙虫腈（ethiprole，304）

乙虫腈是一种苯吡唑类广谱杀虫剂，CAS 号为 181587-01-9，能够抑制 4-羟基苯丙酮酸双氧化酶（HPPD），通过作用于 γ-氨基丁酸（GABA）干扰氯离子通道，从而破坏昆虫中枢神经系统（CNS）的正常活动。乙虫腈与有机磷类、拟除虫菊酯类、氨基甲酸酯类等主要的杀虫剂不存在交互抗性问题，并已在中国等多个国家登记。2017 年 CCPR 第 49 届年会决定将乙虫腈作为新化合物评估，2018 年 JMPR 开展了毒理学和残留评估。

1. 毒理学评估

在兔的发育毒性研究中，基于母体（流产、体重下降和饲料消耗减少）和胚胎/胎儿毒性（多个骨骼骨化延迟、囟门增大和出现 27 个骶前椎骨）得到的 NOAEL 为每日 0.5 mg/kg（以体重计）。以此为基础，JMPR 制定的乙虫腈的每日允许摄入量（ADI）为 0～0.005 mg/kg（以体重计），安全系数为 100。此 ADI 的上限与大鼠肝脏、甲状腺和皮肤肿瘤的 LOAEL 的安全边界约为 2 000。

在兔的发育毒性研究中，基于母体毒性（体重下降和饲料消耗减少）得到的 NOAEL 为每日 0.5 mg/kg（以体重计）。以此为基础，JMPR 制定的乙虫腈的 ARfD 为 0.005 mg/kg（以体重计）。安全系数为 100。

乙虫腈相关毒理学研究见表 5-1-1。

表 5-1-1　乙虫腈相关毒理学风险评估数据

物种	试验项目	效应	NOAEL/[mg/(kg·d)]（以体重计）	LOAEL/[mg/(kg·d)]（以体重计）
小鼠	78 周毒性和致癌性试验[a]	毒性	36.3	73.5
		致癌性	36.3	73.5
大鼠	急性神经毒性研究[b]	神经毒性	25	35
	2 年毒性和致癌性研究[a,c]	毒性	0.85	3.21
		致癌性	3.21	10.8
	两代生殖毒性研究[a]	生殖毒性	32[d]	—
		亲本毒性	4.8	32
		后代毒性	4.8	32
	发育毒性研究[b]	母体毒性	10	30
		胚胎和胎儿毒性	10	30
兔	发育毒性研究[b]	母体毒性	0.5	2.0
		胚胎和胎儿毒性	0.5	2.0
犬	13 周和 1 年毒性研究[a,d]	毒性	1.0	2.51

[a] 膳食给药；[b] 灌胃给药；[c] 两项或多项试验结合；[d] 最大试验剂量。

2. 残留物定义

乙虫腈在植物源食品中的监测残留定义为乙虫腈。

乙虫腈在植物源食品中的评估残留定义为乙虫腈、5-氨基-1-[2,6-二氯-4-（三氟甲基）苯基]-4-（亚乙基亚砜基）-1H-吡唑-3-甲酰胺（乙吡唑酰胺）及 5-氨基-1-（2,6-二氯-4-三氟甲基苯基）-4-乙基磺酰吡唑-3-腈（乙吡唑砜）之和，以母体等价表示。

乙虫腈在动物源食品中的监测与评估残留定义均为乙虫腈及 5-氨基-1-（2,6-二氯-4-三氟甲基苯基）-4-乙基磺酰吡唑-3-腈（乙烯利砜）之和，以母体等价表示。

3. 标准制定进展

JMPR 共推荐了乙虫腈在咖啡豆、可食用内脏（哺乳动物）等动植物源食品中的 14 项农药最大残留限量。该农药在我国登记作物仅包括水稻。目前我国已登记作物中，已制定的糙米 MRL 0.2 mg/kg 严于 JMPR 此次推荐限量糙米 MRL 1.5 mg/kg。

乙虫腈相关限量标准及登记情况见表 5-1-2。

表 5-1-2　乙虫腈相关限量标准及登记情况

序号	食品类别/名称		JMPR 推荐残留限量标准/ (mg/kg)	GB 2763—2021 残留限量标准/ (mg/kg)	我国登记情况
1	咖啡豆	Coffee beans	0.07	无	无
2	咖啡豆，烘焙	Coffee beans, roasted	0.2	无	无
3	可食用内脏（哺乳动物）	Edible offal (mammalian)	0.1	无	无
4	蛋	Eggs	0.05	无	无
5	哺乳动物脂肪（乳脂除外）	Mammalian fats (except milk fats)	0.15	无	无
6	肉（哺乳动物，除海洋哺乳动物）	Meat (from mammals other than marine mammals)	0.15 (fat)	无	无
7	乳脂	Milk fats	0.5	无	无
8	奶	Milks	0.015	无	无
9	家禽肉	Poultry meat	0.05 (fat)	无	无
10	可食用内脏（家禽）	Edible offal (poultry)	0.05	无	无
11	家禽脂肪	Poultry fats	0.05	无	无
12	稻谷	Rice	3	无	水稻
13	糙米（去壳）	Rice, husked	1.5	0.2	水稻
14	精米	Rice, polished	0.4	无	水稻

fat：溶于脂肪。

CCPR 讨论情况：

委员会注意到欧盟、挪威和瑞士对拟议的咖啡豆、可食用内脏

（哺乳动物）、蛋、哺乳动物脂肪（乳脂除外）、肉（哺乳动物，除海洋哺乳动物）、奶、家禽肉、可食用内脏（家禽）、家禽脂肪和糙米（去壳）的 MRLs 持保留意见，且欧盟正在对其相关毒理学数据进行评估。针对欧盟、挪威和瑞士对 JMPR 报告中缺乏膳食负担计算的问题，JMPR 秘书处表示将在勘误中添加关于膳食负担的计算。委员会同意按照 2018 年 JMPR 的建议将所有拟议的 MRLs 推进至第 5/8 步。

乙虫腈在我国已登记于水稻，且 JMPR 此次已推荐乙虫腈在稻谷、精米中的 MRLs，为我国制定相关限量提供了参考。

4. 膳食摄入风险评估结果

（1）长期膳食暴露评估。乙虫腈的 ADI 为 $0 \sim 0.005$ mg/kg（以体重计）。JMPR 根据残留中值（STMR）或加工产品的规范残留试验中值（STMR-P）评估了乙虫腈在 17 簇 GEMS/食品膳食消费类别的国际估算每日摄入量（IEDI）。IEDIs 为最大允许摄入量的 $1\% \sim 6\%$。基于本次评估的乙虫腈使用范围，JMPR 认为其残留长期膳食暴露不大可能引起公共健康关注。

（2）急性膳食暴露评估。乙虫腈的 ARfD 是 0.005 mg/kg（以体重计）。JMPR 根据本次评估的最高残留值（HRs）/加工产品的最高残留值（HR-Ps）或者 STMRs/STMR-Ps 数据和现有的食品消费数据，计算了国际估算短期摄入量（IESTI）。对于儿童，IESTIs 为 ARfD 的 $0\% \sim 80\%$；对于普通人群，则为 $0\% \sim 40\%$。基于本次评估的乙虫腈使用范围，JMPR 认为其残留急性膳食暴露不大可能引起公共健康关注。

二、环酯啶菌胺（fenpicoxamid，305）

环酯啶菌胺，CAS 号为 517875-34-2，是一种通过抑制真菌辅酶 Q 键合位点上的线粒体的呼吸作用来发挥杀菌作用的新型杀菌剂。环酯啶菌胺作为一种广谱性杀菌剂，主要用于控制谷物的叶枯病、锈病等多种病害，已在多个国家登记。加拿大、美国在 WTO/TBT-SPS 官方评议通报中均提及过该农药。2017 年 CCPR 第 49 届年会决定将环酯啶菌胺作为新化合物评估，2018 年 JMPR 对其开展了毒理学和残留评估。

1. 毒理学评估

在一项小鼠 18 个月致癌性毒理学研究中，基于每日 32 mg/kg（以体重计）剂量下肝脏癌变和限流发生率增加，得到的 NOAEL 为每日 5.3 mg/kg（以体重计），以此为基础，JMPR 制定环酯啶菌胺的 ADI 为 0～0.05 mg/kg（以体重计），安全系数 100。此 ADI 的上限与发现小鼠腺瘤 LOAEL 的安全边界为 600，在大鼠 2 年的研究中，此 ADI 上限与发现大鼠甲状腺非肿瘤 LOAEL 的安全边界为 2 000。

由于环酯啶菌胺口服急性毒性较低，而且缺乏任何由于单一剂量引起的其他毒理学研究结果（包括发育毒理学研究），JMPR 认为没有必要为其建立 ARfD。

环酯啶菌胺相关毒理学研究见表 5-2-1。

表 5-2-1　环酯啶菌胺相关毒理学风险评估数据

物种	试验项目	效应	NOAEL/[mg/(kg·d)]（以体重计）	LOAEL/[mg/(kg·d)]（以体重计）
小鼠	18 个月毒性和致癌性研究[a]	毒性	5.3	32
		致癌性	5.3	32
大鼠	2 年毒性和致癌性研究[a]	毒性	—	101[b]
		致癌性	302	1 009
	两代生殖毒性研究[a]	生殖毒性	1 052	—
		亲本毒性	1 052	—
		后代毒性	1 052	—
	发育毒性研究[b]	母体毒性	1 036	—
		胚胎和胎儿毒性	1 036	—

(续)

物种	试验项目	效应	NOAEL/ [mg/(kg·d)] (以体重计)	LOAEL/ [mg/(kg·d)] (以体重计)
兔	发育毒性研究[a]	母体毒性	52.8	177
		胚胎和胎儿毒性	52.8[c]	—
犬	1年毒性研究[a]	毒性	80	273

[a] 膳食给药；[b] 最低试验剂量；[c] 最大试验剂量。

2. 残留物定义

环酯啶菌胺在植物源食品中的监测与评估残留定义均为环酯啶菌胺。

JMPR 未制定其在动物源食品中的监测与评估残留定义。

3. 标准制定进展

JMPR 共推荐了环酯啶菌胺在香蕉上的 1 项农药最大残留限量。该农药在我国尚未登记，且未制定相关残留限量标准。

环酯啶菌胺相关限量标准及登记情况见表 5-2-2。

表 5-2-2 环酯啶菌胺相关限量标准及登记情况

序号	食品类别/名称		JMPR 推荐残留量标准/(mg/kg)	GB 2763—2021 残留限量标准/(mg/kg)	我国登记情况
1	香蕉	Banana	0.15	无	无

CCPR 讨论情况：

委员会根据 2018 年 JMPR 的建议，同意将环酯啶菌胺在香蕉上的 MRL 草案推进至第 5/8 步。

4. 膳食摄入风险评估结果

（1）长期膳食暴露评估。环酯啶菌胺的 ADI 为 0～0.05 mg/kg（以体重计）。JMPR 根据 STMR 或 STMR-P 评估了 17 簇 GEMS/食品膳食消费类别的 IEDIs。IEDIs 占最大允许摄入量的 0%。基于本次评估的环酯啶菌胺的使用范围，JMPR 认为其残留长期膳食暴露不大可能引起公共健康关注。

（2）急性膳食暴露评估。JMPR 认为没有必要制定环酯啶菌胺的 ARfD。基于本次评估的环酯啶菌胺的使用范围，JMPR 认为其残留急性膳食暴露不大可能引起公共健康关注。

三、氟啶胺（fluazinam，306）

氟啶胺是一种杀菌剂，CAS 号为 79622-59-6，作用机理是通过作用于 ATP 合成酶，在呼吸链的尾端解除氧化与磷酸化的关联，从而在最大程度上消耗电子传递积累电化学势能。氟啶胺作为一种广谱杀菌剂，可用于防治马铃薯晚疫病、十字花科根肿病及辣椒疫病等多种植物病害，并已在中国等多个国家登记。2017 年 CCPR 第 49 届年会决定将氟啶胺作为新化合物评估，2018 年，JMPR 对其开展了毒理学和残留评估。

1. 毒理学评估

在小鼠、大鼠及犬的重复剂量毒理学研究中，动物大脑白质出现了空泡化，这种潜在的严重作用可能与氟啶胺技术原料中发现的一种含量相对较低的杂质［即杂质 B-1457：5-氯-N-（3-氯-5-三氟甲基-2-吡啶）-α,α,α-三氟-4,6-二硝基邻甲苯胺］有关。虽然监管部门已经收到委托方提供的用于注册登记的毒理学资料，但是在毒理学研究检测的任何批次中，均未提供有关该杂质水平的任何信息。目前，FAO 规定氟啶胺中这种杂质的含量水平应限制在 0.3％以内。

JMPR 认为，委托方须提供多批次毒理学研究中杂质 B-1457 含量的相关资料，如果想要对氟啶胺拟议任何基于健康的指南，技术品级氟啶胺的商业批次中必须涵盖与该杂质含量水平相关的毒理学研究资料，由于资料不足，目前不能完成对氟啶胺的评估。

2. 残留物定义

氟啶胺在植物源食品中的监测残留定义为氟啶胺。

JMPR 没有制定氟啶胺在植物源食品中的评估残留定义。

3. 标准制定进展

JMPR 未推荐氟啶胺的最大残留限量。该农药在我国登记作物包括大白菜、番茄、柑橘、黄瓜、辣椒、马铃薯、苹果、水稻、油菜共计 9 种（类）。我国已制定该农药的大白菜 MRL 为 0.2 mg/kg，辣椒 MRL 为 3 mg/kg，黄瓜 MRL 为 0.3 mg/kg，马铃薯 MRL 为 0.5 mg/kg，苹果 MRL 为 2 mg/kg。

CCPR 讨论情况：

JMPR 秘书处告知 CCPR，由于数据不足，JMPR 在 2018 年无法对氟啶胺完成评估。

4. 膳食摄入风险评估结果

由于对氟啶胺的膳食风险评估残留定义未形成结论，JMPR 没有对氟啶胺进行长期膳食暴露风险评估和急性膳食暴露风险评估，同时 JMPR 也未能就审议作物中氟啶胺代谢物 TFAA 的残留水平得出相应结论。

四、二甲醚菌胺（mandestrobin，307）

二甲醚菌胺是一种甲氧基丙烯酸酯类杀菌剂，CAS 号为 173662-97-0，作用机理是通过干扰敏感真菌病原体线粒体内膜上的细胞色素 bc1 复合物 Qo 位点的功能，实现抑制线粒体的呼吸作用。二甲醚菌胺可用于防治油菜和其他油料作物、玉米、葡萄、豆类蔬菜、草莓和其他矮生浆果及草坪的多种真菌病害，已在多个国家登记。2017 年 CCPR 第 49 届年会决定将二甲醚菌胺作为新化合物评估，2018 年 JMPR 开展了毒理学评估。

1. 毒理学评估

在犬的 1 年毒性研究中，基于出现的肝脏重量增加，肝脏组织病理学改变及血液生化参数紊乱得到的 NOAEL 为每日 19.2 mg/kg（以体重计）。以此为基础，JMPR 制定的二甲醚菌胺的 ADI 为 0～0.2 mg/kg（以体重计），安全系数为 100。此 ADI 的上限与大鼠疑似致癌的 LOAEL 的安全边界约为 4 000。

在大鼠的发育毒性研究中，基于出现的致畸作用得到的 NOAEL 为每日 300 mg/kg（以体重计）。以此为基础，JMPR 制定的二甲醚菌胺的 ARfD 为 3 mg/kg（以体重计），安全系数为 100。该 ARfD 仅适用于育龄妇女。

鉴于二甲醚菌胺的急性经口毒性较低，且单一剂量并未引起任何其他毒理效应，因此 JMPR 认为没有必要制定二甲醚菌胺在其他人群中的 ARfD。

二甲醚菌胺相关毒理学研究见表 5-4-1。

表 5-4-1　二甲醚菌胺相关毒理学风险评估数据

物种	试验项目	效应	NOAEL/[mg/(kg·d)]（以体重计）	LOAEL/[mg/(kg·d)]（以体重计）
小鼠	78 周毒性和致癌性研究[a]	毒性	823.9[b]	—
		致癌性	823.9[b]	—
大鼠	2 年毒性和致癌性研究[a]	毒性	26.7	135.2
		致癌性	375.6	804.3[c]
	两代生殖毒性研究[a]	生殖毒性	511.7[b]	—
		亲本毒性	47.77	145.7
		后代毒性	47.77	145.7
	发育毒性研究[d]	母体毒性	300	1 000
		胚胎和胎儿毒性	300	1 000
	急性神经毒性研究[d]	神经毒性	1 000	2 000
兔	发育毒性研究[d]	母体毒性	1 000[b]	—
		胚胎和胎儿毒性	1 000[b]	—
犬	90 d 毒性研究[a]	毒性	90.9	267.8
	1 年毒性研究[a]	毒性	19.2	92.0

[a] 膳食给药；[b] 最大试验剂量；[c] 基于疑似肿瘤发生率增加；[d] 灌胃给药。

2. 残留物定义

2018 年 JMPR 未制定二甲醚菌胺在植物源、动物源食品中的评估及监测残留定义。

3. 标准制定进展

JMPR 未推荐二甲醚菌胺的最大残留限量。该农药在我国尚未登记，且未制定相关残留限量标准。

CCPR 讨论情况：

委员会注意到 2018 年 JMPR 制定了二甲醚菌胺的 ADI 和 ARfD，但由于一些关键数据提交较晚，没有足够的时间完成评估，因此未推荐其 MRLs 草案。

4. 膳食摄入风险评估结果

2018 年 JMPR 未涉及二甲醚菌胺的长期膳食暴露评估研究和急性膳食暴露评估研究。

五、氟草敏（norflurazon，308）

氟草敏是一种哒嗪酮类除草剂，CAS 号为 27314-13-2，能够抑制类胡萝卜素的生物合成，从而破坏叶绿素的合成。氟草敏用于防治柑橘、苜蓿、花生、果树、坚果树、蔓越莓、葡萄、芦笋和其他作物中的禾本科杂草和阔叶杂草，已在多个国家登记。2017 年 CCPR 第 49 届年会决定将氟草敏作为新化合物评估，2018 年 JMPR 开展了毒理学和残留评估。

1. 毒理学评估

在犬的 6 个月和 1 年毒性研究中，基于肝脏出现变化得到的 NOAEL 为每日 1.5 mg/kg（以体重计）。以此为基础，JMPR 制定的氟草敏的 ADI 为 0～0.005 mg/kg（以体重计），安全系数为 300。由于数据库质量较差，采用另一安全系数为 3。此 ADI 的上限与雄鼠肝脏腺瘤的 LOAEL 的安全边界约为 4 000。

在兔的发育毒性研究中，基于每日 60 mg/kg（以体重计）的剂量出现流产和母体体重减少得到的 NOAEL 为每日 30 mg/kg（以体重计）。以此为基础，JMPR 制定的氟草敏的 ARfD 为 0.3 mg/kg（以体重计），安全系数为 100。

氟草敏相关毒理学研究见表 5-5-1。

表 5-5-1　氟草敏相关毒理学风险评估数据

物种	试验项目	效应	NOAEL/[mg/(kg·d)]（以体重计）	LOAEL/[mg/(kg·d)]（以体重计）
小鼠	2 年毒性和致癌性研究[a]	毒性	—	51[b]
		致癌性	51	200
大鼠	2 年毒性和致癌性研究[a]	毒性	6	19
		致癌性	50[c]	—
	两代生殖毒性研究[a]	生殖毒性	102.5[c]	—
		亲本毒性	10.2	51
		后代毒性	10.2	51
	发育毒性研究[d]	母体毒性	200	400
		胚胎和胎儿毒性	400	—
兔	发育毒性研究[d]	母体毒性	30	60
		胚胎和胎儿毒性	10	30
犬	6 个月和 1 年毒性研究[a,e]	毒性	1.5	4.8

[a] 膳食给药；[b] 最小试验剂量；[c] 最大试验剂量；[d] 灌胃给药；[e] 两项及多项试验结合。

2. 残留物定义

氟草敏在植物源食品中的监测残留定义为氟草敏及去甲基氟草敏之和，以氟草敏表示。

氟草敏在植物源食品中的评估残留定义及其在动物源食品中的监测残留定义均为氟草敏及游离及共轭态去甲基氟草敏之和，以氟草敏表示。

氟草敏在动物源食品中的评估残留定义为游离及共轭态去甲基氟草敏及 6-甲基亚砜氟草敏之和，以氟草敏表示。

3. 标准制定进展

2018 年 JMPR 共推荐了氟草敏在紫花苜蓿，及蛋、奶等动物源食品中的 9 项农药最大残留限量。该农药在我国尚未登记，且未制定相关 MRLs。

氟草敏相关限量标准及登记情况见表 5-5-2。

表 5-5-2　氟草敏相关限量标准及登记情况

序号	食品类别/名称		JMPR 推荐残留限量标准/（mg/kg）	GB 2763—2021 残留限量标准/（mg/kg）	我国登记情况
1	紫花苜蓿	Alfalfa fodder	7（dwª）	无	无
2	可食用内脏（哺乳动物）	Edible offal (mammalian)	0.3	无	无
3	蛋	Eggs	0.02*	无	无
4	哺乳动物脂肪（乳脂除外）	Mammalian fats (except milk fats)	0.02*	无	无
5	肉（哺乳动物，除海洋哺乳动物）	Meat (from mammals other than marine mammals)	0.02*	无	无
6	奶	Milks	0.02*	无	无
7	家禽脂肪	Poultry fats	0.02*	无	无
8	家禽肉	Poultry meat	0.02*	无	无
9	可食用内脏（家禽）	Edible offal (poultry)	0.02*	无	无

* 方法定量限；dw：以干重计。

CCPR 讨论情况：

委员会注意到欧盟、挪威和瑞士对可食用内脏（哺乳动物）、蛋、哺乳动物脂肪（乳脂除外）、肉（哺乳动物，除海洋哺乳动物）、奶、家禽脂肪、家禽肉、可食用内脏（家禽）的拟议残留限量标准持保留意见，并等待欧盟正在进行的评估结果。针对毒理学研究的总体质量较差、缺乏代谢物（NOA-452075）遗传毒性数据，以及缺乏对家畜膳食负担的可靠计算等问题，JMPR 秘书处表示，此代谢物在大鼠体中以痕量浓度检出，因此 2018 年 JMPR 认为氟草敏不大可能引发公共健康关注。委员会根据 2018 年 JMPR 的建议，同意将所有 MRLs 草案推进至第 5/8 步。

4. 膳食摄入风险评估结果

（1）长期膳食暴露评估。氟草敏的 ADI 为 0～0.005 mg/kg

（以体重计）。JMPR 根据 STMR 或 STMR-P 评估了氟草敏在 17 簇 GEMS/食品膳食消费类别的 IEDIs。IEDIs 在最大允许摄入量的 0%～20%。基于本次评估的氟草敏使用范围，JMPR 认为其残留长期膳食暴露不大可能引起公共健康关注。

（2）急性膳食暴露评估。氟草敏的 ARfD 为 0.3 mg/kg（以体重计）。JMPR 根据本次评估的 HRs/HR-Ps 或者 STMRs/STMR-Ps 数据和现有的食品消费数据，计算了 IESTIs。对于儿童，IESTIs 在 ARfD 的 0%～10%；对于普通人群，则在 0%～4%之间。基于本次评估的氟草敏使用范围，JMPR 认为其残留急性膳食暴露不大可能引起公共健康关注。

六、氟唑菌酰羟胺（pydiflumetofen，309）

氟唑菌酰羟胺是一种作用于琥珀酸脱氢酶的新型吡啶酰胺类杀菌剂，CAS 号为 1228284-64-7。作为一种广谱杀菌剂，氟唑菌酰羟胺对于白粉病、叶斑病、赤霉病、灰霉病等均有较好的防治效果，并已在多个国家登记。美国、加拿大在 WTO/TBT-SPS 官方评议通报中均提及过该农药。2018 年 JMPR 对其开展了毒理学和残留评估。

1. 毒理学评估

在 2 年毒性和致癌性研究中，研究人员观察到雄性大鼠体重下降［LOAEL 为每天 51.0 mg/kg（以体重计）］得到 NOAEL 为每日 9.9 mg/kg（以体重计），以此为基础，JMPR 制定的氟唑菌酰羟胺的 ADI 为 0～0.1 mg/kg（以体重计）。安全系数为 100。

在大鼠发育毒性研究中，观察到每日 100 mg/kg（以体重计），以减少治疗期间早期的母体体重增加和饲料消耗，得到的 NOAEL 为每日 30 mg/kg（以体重计），以此为基础，JMPR 制定的氟唑菌酰羟胺 ARfD 为 0.3 mg/kg（以体重计）。安全系数为 100。

氟唑菌酰羟胺的 ADI 和 ARfD 也适用于代谢物 2,4,6-三氯苯酚（2,4,6-TCP）和 SYN547897 及其轭合物，以氟唑菌酰羟胺表示。

氟唑菌酰羟胺相关毒理学研究见表 5-6-1。

表 5-6-1 氟唑菌酰羟胺相关毒理学风险评估数据

物种	试验项目	效应	NOAEL/ [mg/(kg·d)] （以体重计）	LOAEL/ [mg/(kg·d)] （以体重计）
小鼠	18 个月致癌性研究[a]	毒性	45.4	287.9
		致癌性	9.2	45.4
大鼠	2 年毒性和致癌性研究[a,b]	毒性	9.9	51.0
		致癌性	102	—
	两代生殖毒性研究[a]	生殖毒性	115[c]	—
		亲本毒性	46.1	277
		后代毒性	33.7	115
	发育毒性研究[b]	母体毒性	30	100
		胚胎和胎儿毒性	100[c]	—
兔	发育毒性研究[b]	母体毒性	500[c]	—
		胚胎和胎儿毒性	500[c]	—
犬	3 个月和 1 年毒性研究[d,e]	毒性	300	1 000

[a] 膳食给药；[b] 灌胃给药；[c] 最大试验剂量；[d] 两项及多项合并研究；[e] 胶囊给药。

2. 残留物定义

氟唑菌酰羟胺在动物源、植物源食品中的监测残留定义及其在植物源食品中的评估残留定义均为氟唑菌酰羟胺。

氟唑菌酰羟胺在除哺乳动物肝肾以外动物源食品中的评估残留定义为氟唑菌酰羟胺、2,4,6-三氯苯酚（2,4,6-TCP）及其轭合物之和，以氟唑菌酰羟胺表示。

氟唑菌酰羟胺在哺乳动物肝肾中的评估残留定义为：氟唑菌酰羟胺、2,4,6-TCP 及其轭合物、3-（二氟甲基）-N-甲氧基-1-甲基-N-［1-甲基-2-（2,4,6-三氯-3-羟基-苯基）乙基］吡唑-4-甲酰胺（SYN547897）及其轭合物之和，以氟唑菌酰羟胺表示。

3. 标准制定进展

JMPR 共推荐了氟唑菌酰羟胺 2 项农药最大残留限量。该农药在我国登记作物包括番茄、柑橘、黄瓜、马铃薯、苹果、西瓜、香蕉、小麦、油菜共计 9 种（类），未制定相关 MRL。

氟唑菌酰羟胺相关限量标准及登记情况如表 5-6-2 所示。

表 5-6-2　氟唑菌酰羟胺相关限量标准及登记情况

序号	食品类别/名称		JMPR 推荐残留限量标准/（mg/kg）	Codex 现有残留限量标准/（mg/kg）	GB 2763—2021残留限量标准/（mg/kg）	我国登记情况
1	干制葡萄	Dried grapes（＝currants, raisins and sultanas）	4	无	无	无
2	爬藤小果亚组	Subgroup of small fruit vine climbing（includes all commodities in this subgroup）	1.5	无	无	无

CCPR 讨论情况：

委员会注意到欧盟、挪威和瑞士对爬藤小果亚组的 MRL 持保留意见，有待欧盟正在进行的评估结果。委员会同意按照 2018 年 JMPR 的建议将拟议的干制葡萄和爬藤小果亚组的 MRLs 推进至第 5/8 步。

4. 膳食摄入风险评估结果

（1）长期膳食暴露评估。氟唑菌酰羟胺的 ADI 为 0～0.1 mg/kg（以体重计）。JMPR 根据 STMR 或者 STMR-P 评估了氟唑菌酰羟胺在 17 簇 GEMS/食品膳食消费类别的 IEDIs。IEDIs 为最大允许摄入量的 0%。基于本次评估的氟唑菌酰羟胺使用范围，JMPR 认为其残留长期膳食暴露不大可能引起公共健康关注。

（2）急性膳食暴露评估。氟唑菌酰羟胺的 ARfD 为 0.03 mg/kg（以体重计），JMPR 根据评估的 HRs/HR-Ps 或者 STMRs/STMR-Ps 数据和现有的食品消费数据，计算了国际短期估计摄入量（IESTIs）。对于儿童，IESTIs 为 ARfD 的 0%～20%，对于普通人群，则为 0%～9%。基于本次评估的氟唑菌酰羟胺使用范围，

JMPR 认为其残留急性膳食暴露不大可能引起公共健康关注。

七、甲氧苯啶菌酮（pyriofenone，310）

甲氧苯啶菌酮是一种具有保护和治疗作用的新型芳基苯基酮类杀菌剂，CAS 号为 688046-61-9。甲氧苯啶菌酮作为一种广谱杀菌剂，主要用于防治谷物、果树和蔬菜等作物的白粉病，现已在多个国家登记。美国、加拿大、澳大利亚在 WTO/TBT-SPS 官方评议通报中均提及过该农药。2018 年 JMPR 开展了毒理学和残留评估。

1. 毒理学评估

在雌性大鼠慢性肾病［LOAEL 为每日 46.5 mg/kg（以体重计）］2 年致癌性研究中，得到的 NOAEL 为每日 9.13 mg/kg（以体重计），以此为基础，JMPR 制定了甲氧苯啶菌酮的 ADI 为 0～0.09 mg/kg（以体重计）。安全系数为 100。ADI 的上限与雄性小鼠致癌性 LOAEL 的安全边界为 8 000。

JMPR 认为，鉴于其急性口服毒性较低，且不存在单一剂量可能引发的任何其他毒性效应，包括发育毒性，因此没有必要建立甲氧苯啶菌酮的 ARfD。

甲氧苯啶菌酮相关毒理学研究见表 5-7-1。

表 5-7-1　甲氧苯啶菌酮相关毒理学风险评估数据

物种	试验项目	效应	NOAEL/ ［mg/(kg·d)］ （以体重计）	LOAEL/ ［mg/(kg·d)］ （以体重计）
小鼠	78 周毒性和致癌作用研究[a]	毒性	77.6	237
		致癌性	237	716
大鼠	2 年毒性和致癌性研究[a]	毒性	9.13	46.5
		致癌性	197[b]	—
	2 代生殖毒性研究[a]	生殖毒性	257[b]	—
		亲本毒性	47.8	257
		后代毒性	257[b]	—

（续）

物种	试验项目	效应	NOAEL/ [mg/(kg·d)] （以体重计）	LOAEL/ [mg/(kg·d)] （以体重计）
大鼠	发育毒性研究[c]	母体毒性	30	300
		胚胎和胎儿毒性	1 000[b]	—
兔	发育毒性研究[c]	母体毒性	1 000[b]	—
		胚胎和胎儿毒性	1 000[b]	—
犬	3个月和1年毒性研究[a,d]	毒性	89.8	448

[a] 膳食给药；[b] 最大试验剂量；[c] 灌胃给药；[d] 两项及多项合并研究。

2. 残留物定义

甲氧苯碇菌酮在动物源、植物源食品中的监测及评估残留定义均为甲氧苯碇菌酮。

3. 标准制定进展

JMPR 此次共推荐了甲氧苯碇菌酮在甘蔗浆果亚组、灌木浆果亚组等植物源食品中的 6 项农药最大残留限量。该农药在我国尚未登记，且未制定相关残留限量标准。

甲氧苯碇菌酮相关限量标准及登记情况如表 5-7-2 所示。

表 5-7-2　甲氧苯碇菌酮相关限量标准及登记情况

序号	食品类别/名称		JMPR 推荐残留限量标准/ （mg/kg）	Codex 现有残留限量标准/ （mg/kg）	GB 2763—2021 残留限量标准/ （mg/kg）	我国登记情况
1	甘蔗浆果亚组	Subgroup of cane berries (includes all commodities in this subgroup)	0.9	无	无	无
2	灌木浆果亚组	Subgroup of bush berries (includes all commodities in this subgroup)	1.5	无	无	无
3	干制葡萄	Dried grapes (＝currants, raisins and sultanas)	2.5	无	无	无

（续）

序号	食品类别/名称		JMPR 推荐残留限量标准/（mg/kg）	Codex 现有残留限量标准/（mg/kg）	GB 2763—2021 残留限量标准/（mg/kg）	我国登记情况
4	葫芦科瓜类蔬菜	Group of fruiting vegetable, Cucurbits（includes all commodities in this group）	0.2	无	无	无
5	矮浆果亚组	Subgroup of low growing berries（includes all commodities in this subgroup）	0.5	无	无	无
6	爬藤小果亚组	Subgroup of small fruit vine climbing（includes all commodities in this subgroup）	0.8	无	无	无

CCPR 讨论情况：

委员会同意按照 2018 年 JMPR 的建议将所有拟议的 MRLs 推进至第 5/8 步。

4. 膳食摄入风险评估结果

（1）长期膳食暴露评估。甲氧苯碇菌酮的 ADI 为 0～0.09 mg/kg（以体重计）。JMPR 根据 STMR 或者 STMR-P 评估了甲氧苯碇菌酮在 17 簇 GEMS/食品膳食消费类别的 IEDIs。IEDIs 为最大允许摄入量的 0%。基于本次评估的甲氧苯碇菌酮使用范围，JMPR 认为其残留长期膳食暴露不大可能引起公共健康关注。

（2）急性膳食暴露评估。2018 年 JMPR 决定无须对甲氧苯碇菌酮制定 ARfD。基于本次评估的甲氧苯碇菌酮使用范围，JMPR 认为其残留急性膳食暴露不大可能引起公共健康关注。

八、噻苯线唑（tioxazafen，311）

噻苯线唑是一种新型噁二唑类杀线虫剂，CAS 号为 330459-31-9，能够通过干扰线虫核糖体的活性，引起靶标线虫体内基因突变，从而发挥药效。噻苯线唑可用于防治大豆中的大豆胞囊线虫、根结线虫、肾形线虫，及玉米中的根腐线虫、根结线虫、针线虫等虫害，并已在多个国家登记。加拿大在 WTO/TBT-SPS 官方评议通报中曾提及过该农药。2017 年 CCPR 第 49 届年会决定将噻苯线唑作为新化合物评估，2018 年 JMPR 开展了毒理学和残留评估。

1. 毒理学评估

在一项对大鼠为期 2 年的毒性和致癌性研究中，每日 16.0 mg/kg（以体重计）剂量下雌性大鼠子宫内膜间质息肉的发病率少量增加，得到的 NOAEL 为每日 4.9 mg/kg（以体重计）。以此为基础，JMPR 制定的噻苯线唑的 ADI 为 0～0.05 mg/kg（以体重计），安全系数为 100。ADI 的上限与发现小鼠肿瘤的 LOAEL 的安全边界为 3 000。在一项兔的发育毒性研究中，每日 20 mg/kg（以体重计）剂量下出现的母体体重增量减少得到的每日 5 mg/kg（以体重计）的 NOAEL，以及在一项大鼠的神经毒性研究（13 周）中，基于每日 24 mg/kg（以体重计）剂量下出现的雌性体重增量减少得到的每日 8 mg/kg（以体重计）的 NOAEL，均验证了所制定的 ADI。

在一项对大鼠的急性神经毒性研究中，基于运动活动减少所得到的 LOAEL 为 250 mg/kg（以体重计）。在此基础上，JMPR 制定的噻苯线唑的 ARfD 为 0.5 mg/kg（以体重计），安全系数为 500。当应用 LOAEL 而非 NOAEL 时，以 5 作为附加系数。JMPR 指出，在每日剂量高达 120 mg/kg（以体重计）时，任何重复剂量试验均未观察到神经活动的迹象。

噻苯线唑相关毒理学研究见表 5-8-1。

表 5-8-1　噻苯线唑相关毒理学风险评估数据

物种	试验项目	效应	NOAEL/[mg/(kg·d)]（以体重计）	LOAEL/[mg/(kg·d)]（以体重计）
小鼠	18 个月致癌作用研究[a]	毒性	10	50
		致癌性	50	153

（续）

物种	试验项目	效应	NOAEL/ [mg/(kg·d)] （以体重计）	LOAEL/ [mg/(kg·d)] （以体重计）
大鼠	2年毒性和致癌性研究[a]	毒性	4.9	16.0
		致癌性	39.6[b]	—
	两代生殖毒性研究[a]	生殖毒性	60[b]	—
		亲本毒性	20	60
		后代毒性	60[b]	—
	发育毒性研究[c]	母体毒性	10	50
		胚胎和胎儿毒性	200[b]	—
	急性神经毒性研究[c]	神经毒性	—	250[d]
	13周神经毒性研究[a]	毒性	8	24
		神经毒性	67[b]	—
兔	发育毒性研究[c]	母体毒性	5	20
		胚胎和胎儿毒性	100[b]	—
犬	13周毒性研究[e]	毒性	40	120

[a] 膳食给药；[b] 最大试验剂量；[c] 灌胃给药；[d] 最低试验剂量；[e] 胶囊给药。

2. 残留物定义

噻苯线唑在动物源、植物源食品中的监测及评估残留定义均为噻苯线唑及苯甲脒（苯甲酰亚胺）之和，以噻苯线唑表示。

3. 标准制定进展

JMPR共推荐了噻苯线唑在棉花渣、蛋等动植物源食品中的15项农药最大残留限量。该农药在我国尚未登记，且未制定相关残留限量标准。

噻苯线唑相关限量标准及登记情况见表5-8-2。

表5-8-2　噻苯线唑相关限量标准及登记情况

序号	食品类别/名称		JMPR推荐残 留限量标准/ （mg/kg）	GB 2763—2021 残留限量标准/ （mg/kg）	我国登 记情况
1	棉花渣	Cotton gin trash	0.02	无	无

（续）

序号	食品类别/名称		JMPR 推荐残留限量标准/（mg/kg）	GB 2763—2021残留限量标准/（mg/kg）	我国登记情况
2	棉籽	Cotton seed	0.01*	无	无
3	可食用内脏（哺乳动物）	Edible offal（mammalian）	0.03	无	无
4	蛋	Eggs	0.02*	无	无
5	玉米	Maize	0.01*	无	无
6	玉米秸秆（干）	Maize fodder（dry）	0.03（dw）	无	无
7	哺乳动物脂肪（乳脂除外）	Mammalian fats（except milk fats）	0.03	无	无
8	肉（哺乳动物，除海洋哺乳动物）	Meat（from mammals other than marine mammals）	0.02	无	无
9	奶	Milks	0.02	无	无
10	可食用内脏（家禽）	Edible offal（poultry）	0.02*	无	无
11	家禽脂肪	Poultry fats	0.02*	无	无
12	家禽肉	Poultry meat	0.02*	无	无
13	大豆（干）	Soya bean（dry）	0.04	无	无
14	大豆饲料	Soya bean fodder	0.4（dw）	无	无
15	大豆粗粉	Soya bean meal	0.06	无	无

＊方法定量限；dw：以干重计。

CCPR 讨论情况：

委员会注意到欧盟、挪威和瑞士对棉籽、可食用内脏（哺乳动物）、蛋、玉米、哺乳动物脂肪（乳脂除外）、肉（哺乳动物，除海洋哺乳动物）、奶、家禽肉、可食用内脏（家禽）、家禽脂肪和大豆（干）的拟议 MRLs 持保留意见，并等待欧盟正在进行的评估结果。针对欧盟、挪威和瑞士对几种动物源性商品 MRLs 较低的担忧，JMPR 秘书处表示，建议残留限量处于或略高于 LOQ。委员会根据 2018 年 JMPR 的建议，同意将所有 MRLs 草案推进至第 5/8 步。

4. 膳食摄入风险评估结果

（1）长期膳食暴露评估。噻苯线唑的 ADI 为 $0\sim0.05$ mg/kg（以体重计）。JMPR 根据 STMR 或 STMR-P 评估了 17 簇 GEMS/食品膳食消费类别的 IEDIs。IEDIs 占最大允许摄入量的 0%。基于本次评估的噻苯线唑使用范围，JMPR 认为其残留长期膳食暴露不大可能引起公共健康关注。

（2）急性膳食暴露评估。噻苯线唑的 ARfD 是 0.5 mg/kg（以体重计）。JMPR 根据本次评估的 HRs/HR-Ps 或者 STMRs/STMR-Ps 数据和现有的食品消费数据，计算了 IESTIs。IESTIs 占 ARfD 的 0%。基于本次评估的噻苯线唑使用范围，JMPR 认为其残留急性膳食暴露不大可能引起公共健康关注。

第六章　2018年周期性再评价农药残留限量标准制定进展

2018年FAO/WHO农药残留联席会议共评估了2种周期性再评价农药，分别为抑霉唑和醚菌酯，相关研究结果如下。

一、抑霉唑（imazalil，110）

抑霉唑是一种内吸性杀菌剂。1977年JMPR首次将该农药作为新化合物进行了毒理学和残留评估。在此之后，1980年、1984年、1985年、1988年、1989年及1994年JMPR对其进行了残留评估。1980年、1984年、1985年、1986年、1991年、2000年、2001年及2005年JMPR对其进行了毒理学评估。2018年JMPR对抑霉唑开展了限量标准再评价。

1. 毒理学评估

JMPR重新确定了其在2001年制定的抑菌唑$0\sim0.03$ mg/kg（以体重计）的ADI。2018年JMPR在1年期和2年期的犬类研究中，总结出每日2.5 mg/kg（以体重计）的总NOAEL作为ADI的基础，安全系数为100。在一项大鼠的长期毒性和致癌性综合研究中得到的每日2.4 mg/kg（以体重计）的NOAEL可以验证这一ADI。JMPR指出在2年期的大鼠研究中得到的LOAEL高于两项犬类研究的总LOAEL，因此，犬类研究得到的总NOAEL被用作制定ADI的基础。

JMPR重新确定了抑菌唑的0.05 mg/kg（以体重计）的ARfD。

在一项兔的发育毒性研究中，基于母体（饲料消耗量的减少）和胚胎/胎儿毒性（存活幼崽的再吸收和数量的减少）得到的 NOAEL 为每日 5 mg/kg（以体重计）。以此为基础，2005 年 JMPR 制定了上述 ARfD，安全系数为 100。JMPR 不能确定单次给药后是否会产生影响。

抑霉唑相关毒理学研究见表 6-1-1。

表 6-1-1　抑霉唑相关毒理学风险评估数据

物种	试验项目	效应	NOAEL/[mg/(kg·d)]（以体重计）	LOAEL/[mg/(kg·d)]（以体重计）
小鼠	23 个月毒性和致癌性研究[a]	毒性	8.1	33.4
		致癌性	8.1	33.4
	发育毒性研究[b]	母体毒性	40	80
		胚胎和胎儿毒性	—	40[c]
	发育毒性研究[b]	母体毒性	10	40
		胚胎和胎儿毒性	80	120
大鼠	2 年毒性和致癌性研究[a]	毒性	2.4	9.7
		致癌性	9.7	58
	两代生殖毒性研究[a]	生殖毒性	20	80
		亲本毒性	20	80
		后代毒性	20	80
	发育毒性研究[b]	母体毒性	—	40[c]
		胚胎和胎儿毒性	40	80
兔	发育毒性研究[b]	母体毒性	5	10
		胚胎和胎儿毒性	5	10
犬	1 年和 2 年毒性研究[d,e]	毒性	2.5	5

[a] 膳食给药；[b] 灌胃给药；[c] 最低试验剂量；[d] 两项或多项试验结合；[e] 胶囊给药。

2. 残留物定义

抑霉唑在动物源、植物源食品中的监测残留定义均为抑霉唑。

抑霉唑在动物源、植物源食品中的评估残留定义均为游离及共轭态抑霉唑。

3. 标准制定进展

JMPR 共推荐了抑霉唑在香蕉、可食用内脏（哺乳动物）等动植物源食品中的 26 项农药最大残留限量。该农药在我国登记作物包括草莓、番茄、柑橘、马铃薯、苹果、葡萄、香蕉，我国制定了该农药 21 项残留限量标准。

抑霉唑相关限量标准及登记情况见表 6-1-2。

表 6-1-2 抑霉唑相关限量标准及登记情况

序号	食品类别/名称		JMPR 推荐残留限量标准/(mg/kg)	Codex 现有残留限量标准/(mg/kg)	GB 2763—2021 残留限量标准/(mg/kg)	我国登记情况
1	香蕉	Banana	3 (Po)	2 (Po)	2	香蕉
2	大麦	Barley	0.01*	无	无	无
3	大麦秸秆（干）	Barley straw and fodder (dry)	0.01	无	无	无
4	柑橘类水果	Citrus fruit	W	5（Po）	5（柑）5（橘）	柑橘
5	黄瓜	Cucumber	W	0.5	0.5	无
6	可食用内脏（哺乳动物）	Edible offal (mammalian)	0.3	无	无	无
7	蛋	Eggs	0.01*	无	无	无
8	腌制用小黄瓜	Gherkins	W	0.5	0.5	无
9	柠檬和酸橙亚组（包括圆佛手柑）	Subgroup of lemons and limes (includes all commodities in this subgroup)	15 (Po)	无	5（柠檬）	柑橘
10	哺乳动物脂肪（乳脂除外）	Mammalian fats (except milk fats)	0.02	无	无	无
11	肉（哺乳动物，除海洋哺乳动物）	Meat (from mammals other than marine mammals)	0.02*	无	无	无

（续）

序号	食品类别/名称		JMPR 推荐残留限量标准/（mg/kg）	Codex 现有残留限量标准/（mg/kg）	GB 2763—2021残留限量标准/（mg/kg）	我国登记情况
12	瓜类（除西瓜外）	Melons（except watermelon）	W	2（Po）	2（甜瓜类水果）	无
13	奶	Milks	0.02*	无	无	无
14	橙亚组（甜、酸，包括类似橙子的杂交品种）	Subgroup of oranges（sweet，sour，includes all commodities in this subgroup）	8（Po）	无	5（橙）	柑橘
15	日本柿子	Japanese persimmon	W	2（Po）	2（柿子）	无
16	仁果类水果	Pome fruits	W	5（Po）	5（苹果）5（梨）	苹果
17	马铃薯	Potato	9（Po）	5（Po）	5	马铃薯
18	可食用内脏（家禽）	Edible offal（Poultry）	0.02*	无	无	无
19	家禽脂肪	Poultry fats	0.02*	无	无	无
20	家禽肉	Poultry meat	0.02*	无	无	无
21	覆盆子（红、黑）	Raspberry（red，black）	W	2	无	无
22	草莓	Strawberry	W	2	2	草莓
23	番茄	Tomato	0.3	无	0.5	番茄
24	杂交麦	Triticale	0.01*	无	无	无
25	杂交麦秸秆（干）	Triticale straw and fodder（dry）	0.01	无	无	无
26	小麦秸秆（干）	Wheat straw and fodder（dry）	0.01	0.1	无	无

* 方法定量限；W：撤销限量；Po：适用于收获后处理。

CCPR 讨论情况：

委员会注意到欧盟、挪威和瑞士对拟议的柠檬和酸橙亚组（包括圆佛手柑）、橙亚组（甜、酸，包括类似橙子的杂交品种）、香蕉、马铃薯和可食用内脏（哺乳动物）的残留限量标准持保留意见，因为他们已经确定了马铃薯对消费者的急性风险，且正等待进行中的马铃薯毒理学评估结果。委员会还注意到日本对拟议的马铃薯的残留限量标准持保留意见，因为他们已经确定了马铃薯中残留的抑霉唑对 1～6 岁儿童的急性摄入问题。委员会同意将柠檬和酸橙亚组（包括圆佛手柑）以及橙亚组（甜、酸，包括类似橙子的杂交品种）的 MRLs 草案推进至第 5/8 步，并在 4 年规则下保留其他柑橘水果的 CXLs，等待 JMPR 在 2021 年进行评估。委员会同意将 2018 年 JMPR 推荐的其他 MRLs 草案推进至第 5/8 步，同时撤销所对应的 CXLs。委员会还决定撤销以下商品的 CXLs：黄瓜、腌制用小黄瓜、瓜类（除西瓜外）、日本柿子、仁果类水果、覆盆子（红、黑）和草莓。

JMPR 此次拟撤销抑霉唑在一系列作物中的 MRLs，具体包括：黄瓜 0.5 mg/kg、腌制用小黄瓜 0.5 mg/kg、瓜类（除西瓜外）2 mg/kg、日本柿子 2 mg/kg，上述作物拟撤销前的 MRLs 分别与我国制定的黄瓜 0.5 mg/kg、腌制用小黄瓜 0.5 mg/kg、甜瓜类水果 2 mg/kg，柿子 2 mg/kg 一致，且我国尚未在上述作物中登记。抑霉唑在我国已在香蕉、柑橘、马铃薯中登记，JMPR 拟将香蕉 MRL 由 2 mg/kg 调整为 3 mg/kg，宽于我国香蕉 MRL 2 mg/kg；撤销柑橘类水果的组限量，新建柠檬和酸橙亚组（包括圆佛手柑）的 MRL 为 15 mg/kg，宽于我国柠檬 MRL 5 mg/kg，新建橙亚组（甜、酸，包括类似橙子的杂交品种）MRL 为 10 mg/kg，宽于我国橙 MRL 5 mg/kg；将马铃薯 MRL 由 5 mg/kg 调整为 9 mg/kg，宽于我国马铃薯 MRL 5 mg/kg；此次拟撤销仁果类水果 5 mg/kg、草莓 2 mg/kg，上述作物拟撤销前的 MRL 分别与我国制定的苹果 5 mg/kg、梨 5 mg/kg、草莓 2 mg/kg 一致。

抑霉唑在我国已登记于番茄，JMPR 此次根据比利时提交的番茄残留试验数据，新推荐了抑霉唑的番茄 MRL 为 0.3 mg/kg，严于我国制定的番茄 0.5 mg/kg。

4. 膳食摄入风险评估结果

（1）长期膳食暴露评估。抑霉唑的 ADI 为 0～0.03 mg/kg（以体重计）。JMPR 根据 STMR 或 STMR-P 评估了 17 簇 GEMS/食品膳食消费类别的 IEDIs。IEDIs 为最大允许摄入量的 2%～40%。基于本次评估的抑霉唑使用范围，JMPR 认为其残留长期膳食暴露不大可能引起公共健康关注。

（2）急性膳食暴露评估。抑霉唑的 ARfD 是 0.05 mg/kg（以体重计）。JMPR 根据本次评估的 HRs/HR-Ps 或者 STMRs/STMR-Ps 数据和现有的食品消费数据，计算了 IESTIs。对儿童来说，IESTIs 为 ARfD 的 0%～40%；对于普通人群，则为 0%～90%。基于本次评估的抑霉唑使用范围，JMPR 认为其残留急性膳食暴露不大可能引起公共健康关注。

二、醚菌酯（kresoxim-methyl，199）

醚菌酯是一种高效、广谱、新型杀菌剂。1998 年 JMPR 首次将该农药作为新化合物进行了毒理学和残留评估。在此之后，2001 年 JMPR 对其进行了残留评估。在 2017 年 CCPR 第 49 届会议上，醚菌酯被列入 2018 年 JMPR 周期性评估农药。

1. 毒理学评估

在大鼠的 2 年慢性毒性和致癌性研究中，基于以阈值作用模式产生的肝癌，得到了每日 29.1 mg/kg（以体重计）的 10%致死基准量（$BMDL_{10}$）。以此为基础，JMPR 制定了醚菌酯的 ADI 为 0～0.3 mg/kg（以体重计），安全系数为 100。

JMPR 认为，鉴于醚菌酯急性经口毒性较低，且不存在包括单次给药可能引起的发育毒性在内的任何其他毒理学效应，因此没有必要制定醚菌酯的 ARfD。

醚菌酯相关毒理学研究见表 6-2-1。

表 6-2-1　醚菌酯相关毒理学风险评估数据

物种	试验项目	效应	NOAEL/ [mg/(kg·d)] (以体重计)	LOAEL/ [mg/(kg·d)] (以体重计)
小鼠	18个月毒性和致癌性研究[a]	毒性	304	1 305
		致癌性	1 305[b]	—
大鼠	2年毒性研究[a]	毒性	36	370
	2年致癌性研究[a]	毒性	36	375
		致癌性	29.1 (BMDL$_{10}$)	—
	两代生殖毒性研究[a]	生殖毒性	1 389.3[b]	—
		亲本毒性	84.3	348.9
		后代毒性	84.3	348.9
	发育毒性研究[c]	母体毒性	1 000[b]	—
		胚胎和胎儿毒性	400	1 000
	急性神经毒性研究[c]	神经毒性	2 000[b]	—
	90 d神经毒性研究[a]	神经毒性	1 180[b]	—
兔	发育毒性研究[c]	母体毒性	1 000[b]	—
		胚胎和胎儿毒性	1 000[b]	—
犬	90 d和1年毒性研究[a,d]	毒性	150	710

[a] 膳食给药；[b] 最大试验剂量；[c] 灌胃给药；[d] 两项或多项试验结合。

2. 残留物定义

醚菌酯在植物源食品中的监测残留定义为醚菌酯。

醚菌酯在植物源食品中的评估残留定义为醚菌酯、代谢物E-甲基-2-甲氧基亚氨基-2-[（2-甲苯氧基）苯基]醋酸盐（490M1）、(2E)-{2-[（4-羟基-2-甲基苯氧基）甲基]苯基}（甲氧基亚氨基）乙酸盐（490M9）及其轭合物之和，以醚菌酯表示。

醚菌酯在动物源食品中的监测及评估残留定义均为代谢物E-甲基-2-甲氧基亚氨基-2-[（2-甲苯氧基）苯基]醋酸盐（490M1）、(2E)-{2-[（4-羟基-2-甲基苯氧基）甲基]苯基}（甲氧基亚氨基）乙酸盐（490M9）之和，以醚菌酯表示。

3. 标准制定进展

JMPR共推荐了醚菌酯在大麦、可食用内脏（哺乳动物）等动植物源食品中的 33 项农药最大残留限量。该农药在我国登记作物包括草坪、草莓、番茄、观赏花卉、黄瓜、辣椒、梨树、苹果、葡萄、蔷薇科观赏花卉、人参、水稻、甜瓜、西瓜、香蕉、小葱、小麦、烟草、枸杞，我国制定了该农药 33 项残留限量标准。

醚菌酯相关限量标准及登记情况见表 6-2-2。

表 6-2-2　醚菌酯相关限量标准及登记情况

序号	食品类别/名称		JMPR 推荐残留限量标准/（mg/kg）	Codex 现有残留限量标准/（mg/kg）	GB 2763—2021 残留限量标准/（mg/kg）	我国登记情况
1	大麦	Barley	W	0.1	0.1	无
2	大麦亚组	Subgroup of barley (includes all commodities in this subgroup)	0.15	无	0.1（大麦）	无
3	甜菜根	Beet root	0.05*	无	无	无
4	黄瓜	Cucumber	W	0.05*	0.5	黄瓜
5	加仑子（黑、红、白）	Currant（black，red，white）	0.9	无	无	无
6	干制葡萄	Dried grapes（＝currants，raisins and sultanas）	3	2	2（葡萄干）	葡萄
7	可食用内脏（哺乳动物）	Edible offal（mammalian）	0.05	0.05*	0.05**（海洋哺乳动物除外的哺乳动物内脏）	无
8	蛋	Eggs	0.02*	无	无	无
9	葫芦科瓜类蔬菜	Group of fruiting vegetables, Cucurbits (includes all commodities in this group)	0.5	无	无	无
10	大蒜	Garlic	0.01	无	无	无
11	葡萄	Grape	1.5	1	1	葡萄
12	葡萄柚	Grapefruit	W	0.5	0.5（柚）	无
13	韭菜	Leek	10	无	0.2（葱）	小葱

（续）

序号	食品类别/名称		JMPR 推荐残留限量标准/（mg/kg）	Codex 现有残留限量标准/（mg/kg）	GB 2763—2021 残留限量标准/（mg/kg）	我国登记情况
14	哺乳动物脂肪（乳脂除外）	Mammalian fats (except milk fats)	0.02 *	0.05 *	0.05 **	无
15	芒果	Mango	0.1	无	无	无
16	肉（哺乳动物，除海洋哺乳动物）	Meat (from mammals other than marine mammals)	0.02 *	0.05 *	0.05 **	无
17	奶	Milks	0.02 *	0.01 *	0.01 **（生乳）	无
18	橄榄油（粗制）	Olive oil, virgin	1	无	0.7（初榨橄榄油）	无
19	榨油橄榄	Olives for oil production	0.2	无	无	无
20	橙亚组（甜、酸，包括类似橙子的杂交品种）	Subgroup of oranges (sweet, sour, including Orange-like hybrids), includes all commodities in this subgroup)	W	0.5	0.5（橙）	无
21	桃	Peach	1.5	无	无	无
22	山核桃	Pecan nuts	0.05 *	无	无	无
23	甜椒	Peppers, sweet	0.3	无	无	无
24	仁果类水果	Pome fruits	W	0.2	0.2（梨）0.2（苹果）	梨、苹果
25	家禽脂肪	Poultry fats	0.02 *	无	无	无
26	家禽肉	Poultry meat	0.02 *	0.05 *	0.05 **（禽肉类）	无
27	可食用内脏（家禽）	Edible offal (poultry)	0.02 *	无	无	无
28	谷物秸秆（干）	Straw and fodder (dry) of cereal grains	3 (dw)	5	无	水稻、小麦

（续）

序号	食品类别/名称		JMPR 推荐残留限量标准/(mg/kg)	Codex 现有残留限量标准/(mg/kg)	GB 2763—2021 残留限量标准/(mg/kg)	我国登记情况
29	糖用甜菜	Sugar beet	0.05*	无	无	无
30	食用橄榄	Table olives	0.2	无	0.2（橄榄）	无
31	芜菁甘蓝	Turnip	0.05*	无	无	无
32	小麦	Wheat	W	0.05*	0.05	小麦
33	小麦亚组	Subgroup of wheat (includes all commodities in this subgroup)	0.05	无	0.05（小麦）	小麦

* 方法定量限；** 临时限量；W 撤销限量；dw：以干重计。

CCPR 讨论情况：

委员会同意将所有拟议的 MRLs 推进至第 5/8 步，并撤销相关的 CXLs。同时撤销 2018 年 JMPR 所推荐的黄瓜、葡萄柚、仁果类水果、橙亚组（甜、酸，包括类似橙子的杂交品种）、大麦和小麦的 CXLs。委员会注意到欧盟、挪威和瑞士表示更低的残留限量对于几种动物源农产品更加充分。JMPR 秘书处告知委员会，动物源农产品（除可食用内脏）的 CXLs 都是通过 LOQ 来建议的。委员会同意欧盟、挪威和瑞士对于维持仁果类水果的 CXL 的请求，并等待 2023 年的数据。

JMPR 此次拟撤销醚菌酯在一系列作物中的 MRLs，具体包括：葡萄柚 0.5 mg/kg、橙亚组（甜、酸，包括类似橙子的杂交品种）几种栽培品种 0.5 mg/kg，上述作物拟撤销前的 MRLs 分别与我国制定的柚 0.5 mg/kg、橙 0.5 mg/kg 一致，且我国尚未在上述作物中登记。此外，JMPR 此次拟撤销大麦的组限量，新建大麦亚组的 MRL 为 0.15 mg/kg，宽于我国制定的大麦 0.1 mg/kg；将奶 MRL 由 0.01 mg/kg 调整为 0.02 mg/kg，宽于我国制定的生乳 0.01 mg/kg；新建立橄榄油（粗制）MRL 为 1 mg/kg，宽于我国制定的初榨橄榄油 0.7 mg/kg；拟维持可食用内脏（哺乳动物）MRL 为 0.05 mg/kg 不变，与我国制定的海洋哺乳动物除外的哺乳动物内脏的 MRL 0.05 mg/kg 一致；新建立食用橄榄 MRL 为 0.2 mg/kg，与我国制定的橄榄 0.2 mg/kg 一致。JMPR 此次拟将哺乳动物脂肪（乳脂除外）MRL 由 0.05 mg/kg 调整为 0.02 mg/kg，严于我国制定的哺乳动物脂肪（乳脂除外）0.05 mg/kg；将肉（哺乳动物，除海洋哺乳动物）MRL 由 0.05 mg/kg 调整为 0.02 mg/kg，严于我国制定的肉（哺乳动物，除海洋哺乳动物）0.05 mg/kg，但醚菌酯在我国尚未在上述产品中登记。在我国已登记作物方面，尽管醚菌酯在我国已在黄瓜、葡萄、小葱、梨、苹果、小麦中登记，但 JMPR 此次拟撤销黄瓜 MRL 0.05 mg/kg，宽于我国黄瓜 MRL 0.5 mg/kg；拟撤销仁果类水果 MRL 0.2 mg/kg，宽于我国梨 MRL 0.2 mg/kg、苹果 MRL 0.2 mg/kg；将干制葡萄 MRL 由 2 mg/kg 调整为 3 mg/kg，宽于我国葡萄干 MRL 2 mg/kg；拟建立韭菜 MRL 为 10 mg/kg，宽于我国葱 MRL 0.2 mg/kg；将葡萄 MRL 由 1 mg/kg 调整为 1.5 mg/kg，宽于我国葡萄 MRL 1 mg/kg；撤销小麦的组限量，新建小麦亚组 MRL 为 0.05 mg/kg，与我国小麦 MRL 0.05 mg/kg 一致。

醚菌酯在我国已登记于水稻、小麦，且 JMPR 此次拟将谷物秸秆（干）MRL 由 5 mg/kg 调整为 3 mg/kg，为我国制定相关限量提供了参考。

4. 膳食摄入风险评估结果

（1）长期膳食暴露评估。醚菌酯的 ADI 为 0～0.3 mg/kg（以体重计）。JMPR 根据 STMR 或 STMR-P 评估了 17 簇 GEMS/食品膳食消费类别的 IEDIs。IEDIs 为最大允许摄入量的 0%～0.4%。基于本次评估的醚菌酯使用范围，JMPR 认为其残留长期膳食暴露不大可能引起公共健康关注。

（2）急性膳食暴露评估。2018 年 JMPR 决定无须对醚菌酯制定 ARfD。基于本次评估的醚菌酯使用范围，JMPR 认为其残留急性膳食暴露不大可能引起公共健康关注。

第七章 2018 年农药新用途限量标准制定进展

2018 年 FAO/WHO 农药残留联席会议及特别会议共评估了 19 种农药的新用途，分别为阿维菌素、吡丙醚、吡唑醚菌酯、丙溴磷、虫螨腈、敌草快、氟啶虫胺腈、氟噻唑吡乙酮、氟唑菌酰胺、高效氯氟氰菊酯、咯菌腈、灭草松、氰霜唑、虱螨脲、双炔酰菌胺、霜霉威、溴氰虫酰胺、异丙噻菌胺和唑螨酯，相关研究结果如下。

一、阿维菌素（abamectin，177）

阿维菌素是一种除虫菌素类杀虫剂。1992 年 JMPR 首次对其进行了毒理学和残留评估。在此之后，1994 年、1997 年、2000 年及 2015 年 JMPR 对其进行了残留评估。1994 年、1995 年、1997 年及 2017 年 JMPR 对其进行了毒理学评估。在 2017 年 CCPR 第 49 届会议上，阿维菌素被列入 2018 年 JMPR 新用途评估农药。

1. 残留物定义

阿维菌素在动物源、植物源食品中的监测与评估残留的定义均为阿维菌素 B1a。

2. 标准制定进展

JMPR 共推荐了阿维菌素在黑莓、甜玉米亚组等植物源食品中的 12 项农药最大残留限量。该农药在我国登记范围包括白菜、贝母、菜豆、大白菜、大豆、冬枣、番茄、甘蓝、柑橘、胡椒、花生、黄瓜、节瓜、苦瓜、梨、萝卜、棉花、苹果、茄子、十字花科蔬菜、十字花科叶菜、水稻、桃、西瓜、小白菜、小葱、小麦、小油菜、烟草、杨梅树、叶菜类蔬菜、玉米、茭白共计33种（类），我国制定了该农药106项残留限量标准。

阿维菌素相关限量标准及登记情况见表7-1-1。

表7-1-1　阿维菌素相关限量标准及登记情况

序号	食品类别/名称		JMPR 推荐残留限量标准/（mg/kg）	Codex 现有残留限量标准/（mg/kg）	GB 2763—2021残留限量标准/（mg/kg）	我国登记情况
1	黑莓	Blackberries	W	0.05	0.2	无
2	藤蔓浆果亚组	Subgroup of cane berries（includes all commodities in this subgroup）	0.2	无	无	无
3	细香葱（干）	Chives（dry）	0.08	无	0.1（葱）	无
4	干制葡萄	Dried grape（＝currants, raisins and sultanas）	0.1	0.03	0.1（葡萄干）	无
5	葡萄汁	Grape juice	0.05	0.015	0.05	无
6	葡萄	Grapes	0.03	0.01	0.03	无
7	绿洋葱亚组	Subgroup of green onions（includes all commodities in this subgroup）	0.01	无	0.05（洋葱）	无
8	香草亚组	Subgroup of herbs（includes all commodities in this subgroup）	0.015	无	0.03[叶类调味料（薄荷和留兰香除外）] 0.01（留兰香）	无
9	韭菜	Leek	W	0.005	0.05	无
10	橙油	Orange oil	0.1	无	无	无
11	菠萝	Pineapple	0.002*	无	0.1	无
12	覆盆子（红、黑）	Raspberries（red, black）	W	0.05	0.2（覆盆子）	无
13	大豆（干）	Soya bean（dry）	0.002*	无	0.05（大豆）	大豆

（续）

序号	食品类别/名称		JMPR 推荐残留限量标准/（mg/kg）	Codex 现有残留限量标准/（mg/kg）	GB 2763—2021 残留限量标准/（mg/kg）	我国登记情况
14	无荚豆类亚组	Subgroup of succulent beans without pods (includes all commodities in this subgroup)	0.002*	无	0.05（菜用大豆）0.02（蚕豆）	菜豆
15	甜玉米亚组	Subgroup of sweet corns (includes all commodities in this subgroup)	0.002*	无	0.02（鲜食玉米）0.02（玉米）	玉米

* 方法定量限。

CCPR 讨论情况：

由于欧盟对阿维菌素的残留定义不同，欧盟、挪威和瑞士对藤蔓浆果亚组、葡萄、绿洋葱亚组和香草亚组拟议的阿维菌素 MRLs 持保留意见。委员会同意按照 JMPR 的建议，撤销拟议的黑莓、韭菜、覆盆子（红、黑）上的 CXLs，将其他所有拟议的 MRLs 推进至 5/8 步，并撤销相关的 CXLs。

阿维菌素在我国已登记于玉米，JMPR 此次推荐其在甜玉米亚组中的 MRLs 为 0.002 mg/kg，严于我国制定的鲜食玉米 MRL 0.02 mg/kg 及玉米的 MRL 0.02 mg/kg；阿维菌素在我国已登记于大豆、菜豆，JMPR 此次推荐其在大豆（干）、无荚豆类亚组中的 MRLs 为 0.002 mg/kg，严于我国制定的大豆 MRL 0.05 mg/kg、菜用大豆 MRL 0.05 mg/kg 及蚕豆 MRL 0.02 mg/kg；JMPR 此次推荐的菠萝 MRL 为 0.002 mg/kg，严于我国制定的 0.1 mg/kg；JMPR 此次推荐绿洋葱亚组 MRL 为 0.01 mg/kg，严于我国制定的洋葱 MRL 0.05 mg/kg；JMPR 此次推荐香草亚组 MRL 为 0.015 mg/kg，严于我国制定的叶类调味料（薄荷和留兰香除外）0.03 mg/kg，宽松于我国制定的留兰香 MRL 0.01 mg/kg。

3. 膳食摄入风险评估结果

（1）长期膳食暴露评估。阿维菌素的 ADI 为 0～0.001 mg/kg

（以体重计）。JMPR 根据 STMR 或 STMR-P 评估了 17 簇 GEMS/食品膳食消费类别的 IEDIs。IEDIs 占最大允许摄入量的 1%～6%。基于本次评估的阿维菌素的使用范围，JMPR 认为其残留长期膳食暴露不大可能引起公共健康关注。

（2）急性膳食暴露评估。阿维菌素的 ARfD 是 0.003 mg/kg（以体重计）。JMPR 根据本次评估的 HRs/HR-Ps 或者 STMRs/STMR-Ps 数据和现有的食品消费数据，计算了 IESTIs。对于儿童，IESTIs 占 ARfD 的 0%～40%，对于普通人群，IESTIs 为 ARfD 的 0%～30%。基于本次评估的阿维菌素使用范围，JMPR 认为其残留急性膳食暴露不大可能引起公共健康关注。

二、灭草松（bentazone，172）

灭草松是一种选择性触杀型苗后苯并噻唑类除草剂。1991 年 JMPR 首次对其进行了毒理学和残留评估。随后，在 1994 年、1995 年、1998 年及 2013 年 JMPR 对其进行了残留评估。1998 年、2004 年、2012 年及 2016 年 JMPR 对其进行了毒理学评估。在 2017 年 CCPR 第 49 届会议上，灭草松被列为 2018 年 JMPR 新用途评估农药。

1. 残留物定义

灭草松在动物源、植物源食品中的监测与评估残留的定义均为灭草松。

2. 标准制定进展

JMPR 共推荐了灭草松在干豆亚组、可食用内脏（哺乳动物）等动植物源食品中 6 项农药最大残留限量。该农药在我国登记范围包括茶、大豆、冬小麦、甘薯、花生、马铃薯、水稻、玉米、小麦共计 9 种（类），我国制定了该农药 24 项残留限量标准。

灭草松相关限量标准及登记情况见表 7-2-1。

表 7-2-1　灭草松相关限量标准及登记情况

序号	食品类别/名称		JMPR 推荐残留限量标准/（mg/kg）	Codex 现有残留限量标准/（mg/kg）	GB 2763—2021 残留限量标准/（mg/kg）	我国登记情况
1	豆类（干）	Beans (dry)	W	0.04	0.01（荚可食豆类蔬菜，菜豆除外） 0.2（菜豆） 0.01［荚不可食豆类蔬菜，利马豆、豌豆（鲜）除外］ 0.05（利马豆） 0.05（大豆）	大豆
2	干豆亚组	Subgroup of dry beans (includes all commodities in this subgroup)	0.5	无	0.01（荚可食豆类蔬菜，菜豆除外） 0.2（菜豆） 0.01［荚不可食豆类蔬菜，利马豆、豌豆（鲜）除外］ 0.05（利马豆） 0.05（大豆）	大豆
3	干豌豆亚组	Subgroup of dry peas (includes all commodities in this subgroup)	0.5	无	0.2［豌豆（鲜）］	无
4	可食用内脏（哺乳动物）	Edible offal (mammalian)	0.04	无	无	无
5	哺乳动物脂肪（乳脂除外）	Mammalian fats (except milk fats)	0.01*	无	无	无
6	肉（哺乳动物，海洋哺乳动物除外）	Meat (from mammals other than marine mammals)	0.01*	无	无	无

（续）

序号	食品类别/名称		JMPR 推荐残留限量标准/(mg/kg)	Codex 现有残留限量标准/(mg/kg)	GB 2763—2021 残留限量标准/(mg/kg)	我国登记情况
7	奶	Milks	0.01*	无	0.01*（生乳）	无
8	大豆	Soya bean	W	0.01*	0.05	大豆

* 方法定量限；W：撤销限量。

CCPR 讨论情况：

由于欧盟对灭草松在植物源和动物源农产品中的残留定义不同，欧盟、挪威和瑞士对拟议的干豆亚组、干豌豆亚组、可食用内脏（哺乳动物）、哺乳动物脂肪（乳脂除外）、肉（哺乳动物，海洋哺乳动物除外）、奶中的 MRLs 持保留意见。委员会按照 2018 年 JMPR 的建议决定撤销灭草松在豆类（干）、紫花豌豆（干）、菜用大豆的 CXLs，将其他所有拟议的 MRLs 推进至第 5/8 步，并撤销相关的奶 CXL。

灭草松在我国已登记于大豆，JMPR 此次推荐的干豆亚组 MRL 为 0.5 mg/kg，宽松于我国制定的大豆 MRL 0.05 mg/kg。

3. 膳食摄入风险评估结果

（1）长期膳食暴露评估。灭草松的 ADI 为 0～0.09 mg/kg（以体重计）。JMPR 根据 STMR 或 STMR-P 评估了 17 簇 GEMS/食品膳食消费类别的 IEDIs。IEDIs 占最大允许摄入量的 0%～1%。基于本次评估的灭草松使用范围，JMPR 认为其残留长期膳食暴露不大可能引起公共健康关注。

（2）急性膳食暴露评估。灭草松的 ARfD 是 0.5 mg/kg（以体重计）。JMPR 根据本次评估的 HRs/HR-Ps 或者 STMRs/STMR-Ps 数据和现有的食品消费数据，计算了 IESTIs。IESTIs 为 ARfD 的 0%。基于本次评估的灭草松使用范围，JMPR 认为其残留急性膳食暴露不大可能引起公共健康关注。

三、虫螨腈（chlorfenapyr，254）

虫螨腈是一种芳基吡咯类杀虫剂。2013 年 JMPR 首次将该农药作为新化合物进行了毒理学和残留评估。在此之后，在 2017 年 CCPR 第 49 届会议上，虫螨腈被列入 2018 年 JMPR 新用途评估农药。

1. 残留物定义

虫螨腈在动物源、植物源食品中的监测残留定义均为虫螨腈。

虫螨腈在动物源、植物源食品中的评估残留定义均为虫螨腈及 10 倍 4-溴-2-（对氯苯基）-5-（三氟甲基)-吡咯-3-甲腈（溴代吡咯腈）之和。

虫螨腈在植物源食品中的监测残留定义与我国规定一致。

2. 标准制定进展

JMPR 共推荐了虫螨腈在辣椒（干）、哺乳动物脂肪等动植物源食品中的 22 项农药最大残留限量。该农药在我国登记范围包括茶树、大白菜、豆角、甘蓝、柑橘树、观赏菊花、黄瓜、节瓜、芥蓝、韭菜、梨树、木材、苹果、茄子、十字花科蔬菜、土壤、小白菜、杨树、豇豆共计 19 种（类）。我国制定了该农药 8 项残留限量标准。

虫螨腈相关限量标准及登记情况见表 7-3-1。

表 7-3-1　虫螨腈相关限量标准及登记情况

序号	食品类别/名称		JMPR 推荐残留限量标准/（mg/kg）	GB 2763—2021 残留限量标准/（mg/kg）	我国登记情况
1	辣椒（干）	Pepper chili（dry）	3	无	无
2	可食用内脏（哺乳动物）	Edible offal (mammalian)	0.05	无	无
3	蛋	Eggs	0.01	无	无
4	大蒜	Garlic	0.01*	无	无

（续）

序号	食品类别/名称		JMPR 推荐残留限量标准/（mg/kg）	GB 2763—2021 残留限量标准/（mg/kg）	我国登记情况
5	柠檬和酸橙亚组	Subgroup of lemons and limes（includes all commodities in this subgroup）	0.8	无	柑橘
6	哺乳动物脂肪	Mammalian fats	0.6	无	无
7	肉（哺乳动物，海洋哺乳动物除外）	Meat（from mammals other than marine mammals）	0.6（fat）	无	无
8	甜瓜（除西瓜外）	Melons（except watermelon）	0.4	无	无
9	奶	Milks	0.03	无	无
10	洋葱（鳞茎）	Onion（bulb）	0.01*	无	无
11	橙亚组（酸、甜）	Subgroup of oranges（sweet, sour, includes all commodities in this subgroup）	1.5	1（橙）	柑橘
12	番木瓜	Papaya	0.3	无	无
13	胡椒	Peppers	0.3	无	无
14	可食用内脏（家禽）	Edible offal（poultry）	0.01	无	无
15	家禽脂肪	Poultry fats	0.02	无	无
16	家禽肉	Poultry meat	0.02（fat）	无	无
17	马铃薯	Potato	0.01*	无	无
18	大豆（干）	Soya bean（dry）	0.08	无	无
19	大豆饲料	Soya bean fodder	7（dw）	无	无
20	大豆（毛油）	Soya bean（crude oil）	0.4	无	无
21	番茄	Tomato	0.4	无	无

(续)

序号	食品类别/名称		JMPR 推荐残留限量标准/ (mg/kg)	GB 2763—2021 残留限量标准/ (mg/kg)	我国登记情况
22	茶叶	Tea, green, black (black, fermented and dried)	60	20（茶叶）	茶树

* 方法定量限；dw：以干重计；fat：溶于脂肪。

CCPR 讨论情况：

由于在利用校正因子估计代谢物残留水平时采用了不同的风险评估方法以及对茶的急性摄入问题的关注，欧盟、挪威和瑞士对除果类蔬菜、瓜类、辣椒类、辣椒（干）以外的所有拟议的MRLs持保留意见，并等待欧盟正在进行的评估结果。委员会根据 2018 年 JMPR 的建议，同意将所有 MRLs 草案推进至第5/8 步。

虫螨腈在我国已登记于茶树，JMPR 此次新建立的茶叶 MRL为 60 mg/kg，宽松于我国制定的茶叶 20 mg/kg。虫螨腈在我国已登记于柑橘，且 JMPR 此次新建立的柠檬和酸橙亚组 MRL 为0.8 mg/kg，橙亚组（酸、甜）MRL 为 1.5 mg/kg，为我国制定相关限量标准提供了参考。

3. 膳食摄入风险评估结果

（1）长期膳食暴露评估。虫螨腈的 ADI 为 0～0.03 mg/kg（以体重计）。JMPR 根据 STMR 或 STMR-P 评估了虫螨腈在 17 簇GEMS/食品膳食消费类别的 IEDIs。IEDIs 为最大允许摄入量的1%～6%。基于本次评估的虫螨腈使用范围，JMPR 认为其残留长期膳食暴露不大可能引起公共健康关注。

（2）急性膳食暴露评估。虫螨腈的 ARfD 为 0.03 mg/kg（以体重计）。根据本次评估的 STMRs/STMR-Ps 数据和现有的食品和加工食品消费数据，计算了 IESTIs。对于儿童，IESTIs 为ARfD 的 0%～60%；对于普通人群，同样为 0%～60%。基于本次评估的虫螨腈使用范围，JMPR 认为其残留急性膳食暴露不大可能引起公共健康关注。

四、溴氰虫酰胺（cyantraniliprole，263）

溴氰虫酰胺是一种邻氨基苯甲酰胺类杀虫剂。2013 年 JMPR 首次将该农药作为新化合物进行了毒理学和残留评估。在此之后，2015 年 JMPR 对其进行了残留评估。在 2017 年 CCPR 第 49 届会议上，溴氰虫酰胺被列入 2018 年 JMPR 新用途评估农药。

1. 残留物定义

溴氰虫酰胺在动物源、植物源食品中的监测残留定义及其在未加工植物源食品中的评估残留定义均为溴氰虫酰胺。

溴氰虫酰胺在加工植物源食品中的评估残留定义为溴氰虫酰胺及化合物 IN-J9Z38 之和，以溴氰虫酰胺表示。

溴氰虫酰胺在动物源食品中的评估残留定义均为溴氰虫酰胺、2-[3-溴-1-(3-氯-2-吡啶基)-1H-吡唑-5-基]-3,4-二氢-3,8-二甲基-4-氧代-6-喹唑啉腈（IN-J9Z38）、2-[3-溴-1-(3-氯-2-吡啶基)-1H-吡唑-5-基]-1,4-二氢-8-甲基-4-氧代-6-喹唑啉腈（IN-MLA84）、3-溴-1-(3-氯-2-吡啶基)-N-{4-氰基-2-(羟甲基)-6-[（甲氨基）羰基］苯基}-1H-吡唑-5-甲酰胺（IN-N7B69）及 3-溴-1-(3-氯-2-吡啶基)-N-（4-氰基-2{［（羟甲基）氨基］羰基}-6-甲基苯基)-1H-吡唑-5-羧酰胺（IN-MYX98），以溴氰虫酰胺表示。

2. 标准制定进展

JMPR 共推荐了溴氰虫酰胺在蔓越莓、瓜类蔬菜等植物源食品中的 9 项农药最大残留限量。该农药在我国登记范围包括大葱、番茄、甘蓝、黄瓜、辣椒、棉花、室内、水稻、西瓜、小白菜、玉米、豇豆共计 12 种（类）。我国制定了该农药 25 项残留限量标准。

溴氰虫酰胺相关限量标准及登记情况见表 7-4-1。

表 7-4-1　溴氰虫酰胺相关限量标准及登记情况

序号	食品类别/名称		JMPR 推荐残留量标准/（mg/kg）	GB 2763—2021 残留限量标准/（mg/kg）	我国登记情况
1	蔓越莓	Cranberries	0.08	4**（浆果和其他小型水果）	无
2	葫芦科瓜类蔬菜	Fruiting vegetables，Cucurbits	W	0.2**（黄瓜）	黄瓜
3	葫芦科瓜类蔬菜	Group of fruiting vegetables，Cucurbits（includes all commodities in this group）	0.3	无	无
4	芒果	Mango	0.7	无	无
5	糙米	Rice，husked	0.01*	0.2**（糙米）	水稻
6	精米	Rice，polished	0.01*	无	水稻
7	稻秸秆（干）	Rice straw and fodder（dry）	1.7（dw）	无	水稻
8	草莓	Strawberry	1.5	4**（浆果和其他小型水果）	无
9	酿酒葡萄	Wine-grapes	1	无	无

*方法定量限；**临时限量；dw：以干重计。

CCPR 讨论情况：

委员会根据 2018 年 JMPR 的建议，同意将所有拟议的 MRLs 草案推进至第 5/8 步，并撤销了葫芦科瓜类蔬菜的 CXLs。

溴氰虫酰胺在我国已登记于水稻，且 JMPR 此次已推荐溴氰虫酰胺在精米、稻秸秆（干）中的 MRL，为我国制定相关限量标准提供了参考。

溴氰虫酰胺在我国已登记于水稻，JMPR 此次根据中国提交的水稻残留试验数据，新推荐溴氰虫酰胺在糙米中的 MRL 为 0.01 mg/kg，严于我国制定的糙米 0.2 mg/kg。

3. 膳食摄入风险评估结果

（1）长期膳食暴露评估。溴氰虫酰胺的 ADI 为 0～0.03 mg/kg（以体重计）。JMPR 根据 STMR 或 STMR-P 评估了溴氰虫酰胺在 17 簇 GEMS/食品膳食消费类别的 IEDIs。IEDIs 为最大允许摄入量的 4%～40%。基于本次评估的溴氰虫酰胺使用范围，JMPR 认为其残留长期膳食暴露不大可能引起公共健康关注。

（2）急性膳食暴露评估。2018 年 JMPR 决定无须对溴氰虫酰胺制定 ARfD。基于本次评估的溴氰虫酰胺使用范围，JMPR 认为其残留急性膳食暴露不大可能引起公共健康关注。

五、氰霜唑（cyazofamid，281）

氰霜唑是一种杀菌剂。2015 年 JMPR 首次将该农药作为新化合物进行了毒理学和残留评估。氰霜唑被列入 2018 年 JMPR 新用途评估农药。

1. 残留物定义

氰霜唑在植物源食品中的监测残留定义为氰霜唑。

氰霜唑在植物源食品中的长期膳食评估残留定义为氰霜唑及其代谢物 4-氯-5-(4-甲苯基)-1H-咪唑-2 腈（CCIM）之和，以氰霜唑表示。

氰霜唑在植物源食品中的急性膳食评估残留定义为：代谢物 4-氯-5-(4-甲苯基)-1H-咪唑-2 腈。

未制定其在动物源食品中的监测与评估残留定义。

2. 标准制定进展

JMPR 共推荐了氰霜唑在洋葱鳞茎亚组和大葱亚组中的 2 项农药最大残留限量。该农药在我国登记范围包括百合、贝母、大白菜、番茄、观赏菊花、观赏玫瑰、黄瓜、黄精、荆芥、荔枝树、马铃薯、葡萄、蔷薇科观赏花卉、人参、三七、西瓜共计 16 种（类）。我国制定了该农药 6 项残留限量标准。

氰霜唑相关限量标准及登记情况如表 7-5-1 所示。

表 7-5-1　氰霜唑相关限量标准及登记情况

序号	食品类别/名称		JMPR 推荐残留限量标准/(mg/kg)	Codex 现有残留限量标准/(mg/kg)	GB 2763—2021 残留限量标准/(mg/kg)	我国登记情况
1	洋葱鳞茎亚组	Subgroup of bulb onions (includes all commodities in this subgroup)	1.5	无	无	无
2	大葱亚组	Subgroup of green onions (includes all commodities in this subgroup)	6	无	无	无

CCPR 讨论情况：

委员会注意到欧盟、挪威和瑞士对拟议的大葱亚组 MRLs 持保留意见，因为根据欧盟的政策，大葱亚组（除细香葱外）的 MRL 为 2 mg/kg，细香葱的 MRL 为 6 mg/kg。对此，JMPR 秘书处解释称，根据细香葱残留数据中值的 5 倍范围，估算得出大葱亚组的 MRL 为 6 mg/kg。委员会同意按照 2018 年 JMPR 的建议将所有拟议的洋葱鳞茎亚组和大葱亚组 MRLs 推进至第 5/8 步。

3. 膳食摄入风险评估结果

（1）长期膳食暴露评估。氰霜唑的 ADI 为 0～0.2 mg/kg（以体重计）。JMPR 根据 STMR 或者 STMR-P 评估了氰霜唑在 17 簇 GEMS/食品膳食消费类别的 IEDIs。IEDIs 为最大允许摄入量的 0%～5%。基于本次评估的氰霜唑使用范围，JMPR 认为其残留长期膳食暴露不大可能引起公共健康关注。

（2）急性膳食暴露评估。氰霜唑的 ARfD 为 0.2 mg/kg（以体重计），JMPR 根据 HRs/HR-Ps 或者 STMRs/STMR-Ps 数据和现有的食品消费数据，计算了 IESTIs。对于儿童，IESTIs 为 ARfD 的 0%～3%，对于普通人群，则为 0%～1%。基于本次评估的氰霜唑使用范围，JMPR 认为其残留急性膳食暴露不大可能引起公共健康关注。

六、敌草快（diquat，31）

敌草快是一种除草剂。1970 年 JMPR 首次将该农药作为新化合物进行了毒理学和残留评估。在此之后，1972 年、1976 年、1977 年、1978 年、1994 年及 2013 年 JMPR 对其进行了残留评估。1972 年、1977 年及 2013 年 JMPR 对其进行了毒理学评估。敌草快被列入 2018 年 JMPR 新用途评估农药。

1. 残留物定义

敌草快在动物源、植物源食品中的监测与评估残留定义均为敌草快阳离子。

2. 标准制定进展

JMPR 共推荐了敌草快在大麦、哺乳动物脂肪（乳脂除外）等动植物源食品中的 15 项农药最大残留限量。该农药在我国登记范围包括油菜、柑橘、马铃薯、棉花、免耕蔬菜、苹果、水稻、免耕小麦共计 8 种（类）。我国制定了该农药 37 项残留限量标准。

敌草快相关登记情况及限量标准对比如表 7-6-1 所示。

表 7-6-1　敌草快相关限量标准及登记情况

序号	食品类别/名称		JMPR 推荐残留限量标准/（mg/kg）	Codex 现有残留限量标准/（mg/kg）	GB 2763—2021 残留限量标准/（mg/kg）	我国登记情况
1	大麦	Barley	5	无	无	无
2	大麦秸秆（干）	Barley straw and fodder (dry)	40（dw）	无	无	无
3	豆类（干）	Beans（dry）	W	0.2	0.2（大豆）0.2［杂粮类（豌豆除外）］	无
4	鹰嘴豆（干）	Chick-pea（dry）	0.9	无	0.2［杂粮类（豌豆除外）］	无

（续）

序号	食品类别/名称		JMPR 推荐残留限量标准/（mg/kg）	Codex 现有残留限量标准/（mg/kg）	GB 2763—2021 残留限量标准/（mg/kg）	我国登记情况
5	干豆亚组	Subgroup of dry beans （includes all commodities in this subgroup）	0.4	无	0.2（大豆） 0.2［杂粮类（豌豆除外）］	无
6	干豌豆亚组［鹰嘴豆（干）除外］	Subgroup of dry peas ［except chick-pea（dry）］	0.9	无	0.3（豌豆）	无
7	哺乳动物脂肪（乳脂除外）	Mammalian fats（except milk fats）	0.01*	无	无	无
8	豌豆（干）	Peas（dry）	W	0.3	0.3（豌豆）	无
9	家禽脂肪	Poultry fats	0.01*	无	无	无
10	黑麦	Rye	1.5	无	无	无
11	黑麦秸秆（干）	Rye straw and fodder （dry）	40（dw）	无	无	无
12	大豆（干）	Soya bean（dry）	W	0.3	0.2（大豆）	无
13	大豆荚	Soya bean hulls	1.5	无	无	无
14	小黑麦	Triticale	1.5	无	无	无
15	小黑麦秸秆（干）	Triticale straw and fodder（dry）	40（dw）	无	无	无

* 方法定量限；dw：以干重计；W：撤销限量。

CCPR 讨论情况：

委员会注意到由于敌草快代谢物毒理学的相关问题，欧盟、挪威和瑞士对大麦、鹰嘴豆（干）、干豆亚组、干豌豆亚组、哺乳动物脂肪（乳脂除外）、家禽脂肪、黑麦和小黑麦的拟议 MRLs 持保留意见。CCPR 同意将 2018 年 JMPR 推荐的其他 MRLs 草案推进至第 5/8 步，同时撤销所对应的 CXLs。CCPR 还决定撤销以下商品的 CXLs：包括燕麦、小麦、未加工的麦麸、小麦面粉和全麦，CCPR 还建议撤销 2013 年 JMPR 推荐的豆类（干）CXL。

JMPR 此次拟撤销豆类（干）的组限量，新建干豆亚组 MRL 为 0.4 mg/kg，宽松于我国制定的杂粮类（豌豆除外）0.2 mg/kg、大豆 0.2 mg/kg；拟撤销豌豆（干）的组限量，新建豌豆亚组［鹰嘴豆（干）除外］MRL 为 0.9 mg/kg，宽松于我国制定的豌豆 0.3 mg/kg；拟新建立鹰嘴豆（干）MRL 为 0.9 mg/kg，宽松于我国制定的杂粮类（豌豆除外）0.2 mg/kg，且我国尚未在豆类中登记。

3. 膳食摄入风险评估结果

（1）长期膳食暴露评估。敌草快的 ADI 为 0～0.006 mg/kg（以体重计）。JMPR 根据 STMR 或者 STMR-P 估计了敌草快在 17 簇 GEMS/食品膳食消费类别的 IEDIs。IEDIs 为最大允许摄入量的 2%～30%。基于本次评估敌草快使用范围，JMPR 认为其残留长期膳食暴露不大可能引起公共健康关注。

（2）急性膳食暴露评估。敌草快的 ARfD 为 0.8 mg/kg（以体重计），JMPR 根据 HRs/HR-Ps 或者 STMRs/STMR-Ps 数据和现有的食品消费数据，计算了 IESTIs。对于儿童，IESTIs 为 ARfD 的 0%～7%，对于普通人群，则为 0%～10%。基于本次评估的敌草快使用范围，JMPR 认为其急性膳食暴露不大可能引起公共健康关注。

七、唑螨酯（fenpyroximate，193）

唑螨酯是一种肟类杀螨剂。1995 年 JMPR 首次将该农药作为新化合物进行了毒理学和残留评估。在此之后，1999 年、2010 年、2013 年及 2017 年 JMPR 对其进行了残留评估。2004 年、2007 年及 2017 年 JMPR 对其进行了毒理学评估。在 2017 年 CCPR 第 49 届会议上，唑螨酯被列入 2018 年 JMPR 新用途评估农药。

1. 残留物定义

唑螨酯在植物源食品中的监测残留定义为唑螨酯。

唑螨酯在植物源食品中的评估残留定义为唑螨酯母体及（Z)-α-(1,3-二甲基-5-苯氧基吡唑-4-基亚甲基氨基-氧基)-对甲苯甲酸（其 Z-异构体 M-1）之和，以唑螨酯表示。

唑螨酯在动物源食品中的监测及评估残留定义均为唑螨酯、2-羟甲基-2-丙基（E)-4-[（1,3-二甲基-5-苯氧基吡唑-4-基)-亚甲基氨基氧基甲基] 苯甲酸酯（Fen-OH）及（E)-4-[（1,3-二甲基-5-苯氧基吡唑-4-基）亚甲基氨基氧基甲基] 苯甲酸（M-3）之和，以唑螨酯表示。

2. 标准制定进展

JMPR 共推荐了唑螨酯在樱桃番茄、可食用内脏（哺乳动物）等动植物源食品中的 7 项农药最大残留限量。该农药在我国登记范围包括柑橘树、棉花、啤酒花、苹果树、玉米共计 5 种（类）作物。我国制定了该农药 26 项残留限量标准。

唑螨酯相关限量标准及登记情况见表 7-7-1。

表 7-7-1　唑螨酯相关限量标准及登记情况

序号	食品类别/名称		JMPR 推荐残留限量标准/（mg/kg)	Codex 现有残留限量标准/（mg/kg)	GB 2763—2021 残留限量标准/（mg/kg)	我国登记情况
1	樱桃番茄	Cherry tomato	W	0.3	0.2（茄果类蔬菜）	无
2	可食用内脏（哺乳动物）	Edible offal (mammalian)	0.5	0.5	无	无
3	哺乳动物脂肪（乳脂除外）	Mammalian fats (except milk fats)	0.1	0.1	无	无
4	肉（哺乳动物，除海洋哺乳动物）	Meat (from mammals other than marine mammals)	0.1 (fat)	0.1	无	无

（续）

序号	食品类别/名称		JMPR 推荐残留量标准/（mg/kg）	Codex 现有残留限量标准/（mg/kg）	GB 2763—2021 残留量标准/（mg/kg）	我国登记情况
5	奶	Milks	0.01	0.01*	无	无
6	番茄	Tomato	W	0.3	0.2（茄果类蔬菜）	无
7	番茄亚组	Subgroup of tomatoes (includes all commodities in this subgroup)	0.3	无	0.2（茄果类蔬菜）	无

* 方法定量限；fat：溶于脂肪；W：撤销限量。

CCPR 讨论情况：

委员会同意在第 4 步保留杏、樱桃、桃、李（包括鲜李）和西瓜的 MRLs，等待 2020 年 JMPR 评估。委员会同意将可食用内脏（哺乳动物）、哺乳动物脂肪（乳脂除外）、肉（哺乳动物，除海洋哺乳动物）、奶和番茄的 MRLs 草案推进至第 5/8 步，同时撤销所对应的 CXLs。委员会同意按照 2018 年 JMPR 的建议撤销樱桃番茄的 MRL 草案，按照 2017 年和 2018 年 JMPR 的建议撤销除葫芦科和红辣椒（干）以外的水果蔬菜的 CXLs。

JMPR 拟将唑螨酯在番茄及樱桃番茄中的 MRL 调整合并为番茄亚组，MRL 保持 0.3 mg/kg 不变，宽松于我国制定的茄果类蔬菜 0.2 mg/kg。

3. 膳食摄入风险评估结果

JMPR 没有对膳食风险评估的结果进行更改。

八、咯菌腈（fludioxonil，211）

咯菌腈是一种安全高效低毒的新型杀菌剂。2004 年 JMPR 首次将该农药作为新化合物进行了毒理学和残留评估。在此之后，2006 年、2010 年、2012 年及 2013 年 JMPR 对其进行了残留评估。在 2017 年 CCPR 第 49 届会议上，咯菌腈被列入 2018 年 JMPR 新用途评估农药。

1. 残留物定义

咯菌腈在植物源食品中的监测及评估残留定义均为咯菌腈。

咯菌腈在动物源食品中的监测及评估残留定义均为咯菌腈及其苯并吡咯代谢物，以 2,2-二氟-1,3-苯并二氧杂环戊烯-4-羧酸测定，以咯菌腈表示。

2. 标准制定进展

JMPR 共推荐了咯菌腈在鳄梨、蛋等动植物源食品中的 25 项农药最大残留限量。该农药在我国登记范围包括草莓、大豆、番茄、观赏百合、观赏菊花、花生、黄瓜、马铃薯、棉花、葡萄、人参、水稻、西瓜、向日葵、小麦、玉米共计 16 种（类）作物。我国制定了该农药 56 项残留限量标准。

咯菌腈相关限量标准及登记情况见表 7-8-1。

表 7-8-1　咯菌腈相关限量标准及登记情况

序号	食品类别/名称		JMPR 推荐残留限量标准/（mg/kg）	Codex 现有残留限量标准/（mg/kg）	GB 2763—2021 残留限量标准/（mg/kg）	我国登记情况
1	鳄梨	Avocado	1.5	0.4	0.4	无
2	蓝莓	Blueberries	2	2	2	无
3	球茎洋葱亚组	Subgroup of bulb onions（includes all commodities in this subgroup）	0.5	无	0.5（洋葱）	无
4	结球甘蓝	Cabbages，head	0.7	0.7	2	无
5	胡萝卜	Carrot	1	0.7	无	无
6	芹菜	Celery	15	无	无	无
7	鹰嘴豆（干）	Chick-pea（dry）	0.3	无	0.5（杂粮类）	无
8	加仑子	Currants	3	无	5（醋栗）	无
9	可食用内脏（哺乳动物）	Edible offal（mammalian）	0.1	0.05 *	无	无

（续）

序号	食品类别/名称		JMPR 推荐残留限量标准/ (mg/kg)	Codex 现有残留限量标准/ (mg/kg)	GB 2763—2021 残留限量标准/ (mg/kg)	我国登记情况
10	蛋	Eggs	0.02	0.01*	无	无
11	绿洋葱亚组	Subgroup of green onion (includes all commodities in this subgroup)	0.8	无	无	无
12	番石榴	Guava	0.5	无	无	无
13	十字花科叶类蔬菜亚组	Subgroup of leaves of Brassicaceae (includes all commodities in this subgroup)	15	无	2（结球甘蓝）0.7（青花菜）10（叶芥菜）20（萝卜叶）	无
14	小扁豆	Lentils	0.3	无	0.5（杂粮类）	无
15	哺乳动物脂肪（乳脂除外）	Mammalian fats (except milk fats)	0.02	无	无	无
16	肉（哺乳动物，除海洋哺乳动物）	Meat (from mammals other than marine mammals)	0.02 (fat)	0.01	无	无
17	奶	Milks	0.04	0.01	无	无
18	绿芥菜	Mustard greens	W	10	10（叶芥菜）	无
19	球茎洋葱	Onion, bulb	W	0.5	0.5	无
20	菠萝	Pineapple	5 (Po)	无	无	无
21	石榴	Pomegranate	3 (Po)	2	2	无
22	家禽脂肪	Poultry fats	0.01*	无	无	无
23	家禽肉	Poultry meat	0.01*	0.01*	无	无
24	可食用内脏（家禽）	Edible offal (poultry)	0.1	0.05	无	无
25	大豆（干）	Soya bean (dry)	0.2	无	0.05	大豆

* 方法定量限；fat：溶于脂肪；W：撤销限量；Po：适用于收获后处理。

CCPR 讨论情况:

委员会注意到欧盟、挪威和瑞士对拟议的芹菜、绿洋葱亚组、十字花科叶类蔬菜亚组、菠萝和石榴的 MRLs 持保留意见,等待欧盟正在进行的周期性评估结果。委员会同意将所有 MRLs 草案推迟至第 5/8 步并撤销相关的 CXLs,同时按照 2018 年 JMPR 的建议撤销绿芥菜和球茎洋葱的 CXLs。

JMPR 拟建立咯菌腈在鹰嘴豆(干) MRL 为 0.3 mg/kg,严于我国制定的杂粮类 MRL 0.5 mg/kg;此次拟建立加仑子 MRL为3 mg/kg,严于我国制定的醋栗 MRL 5 mg/kg;此次拟建立小扁豆 MRL 为 0.3 mg/kg,严于我国制定的杂粮类 MRL 0.5 mg/kg;此次拟建立十字花科叶类蔬菜亚组 MRL 为 15 mg/kg,严于我国制定的萝卜叶 MRL 20 mg/kg,宽于我国制定的结球甘蓝 2 mg/kg、青花菜 0.7 mg/kg、叶芥菜10 mg/kg,但我国尚未在上述作物中登记。另外,咯菌腈在我国已在大豆中登记,JMPR 此次拟建立大豆(干) MRL 为 0.2 mg/kg,宽松于我国制定的大豆 0.05 mg/kg。

3. 膳食摄入风险评估结果

(1)长期膳食暴露评估。咯菌腈的 ADI 为 0~0.4 mg/kg(以体重计)。JMPR 根据 STMR 或 STMR-P 评估了 17 簇 GEMS/食品膳食消费类别的 IEDIs。IEDIs 为最大允许摄入量的 1%~6%。基于本次评估的咯菌腈使用范围,JMPR 认为其残留长期膳食暴露不大可能引起公共健康关注。

(2)急性膳食暴露评估。2004 年 JMPR 决定无须对咯菌腈制定 ARfD。基于本次评估的咯菌腈使用范围,JMPR 认为其残留急性膳食暴露不大可能引起公共健康关注。

九、氟唑菌酰胺(fluxapyroxad,256)

氟唑菌酰胺是一种杀菌剂。2012 年 JMPR 首次将该农药作为新化合物进行了毒理学和残留评估。在此之后,2015 年 JMPR 对其进行了残留评估。在 2017 年 CCPR 第 49 届会议上,氟唑菌酰胺被列入 2018 年 JMPR 新用途评估农药。

1. 残留物定义

氟唑菌酰胺在动物源、植物源食品中的监测残留定义均为氟唑菌酰胺。

氟唑菌酰胺在植物源食品中的评估残留定义为氟唑菌酰胺、3-(二氟甲基)-N-[3′,4′,5′-三氟（1,1′-联苯)-2-基]-1H-吡唑-4-甲酰胺（M700F008）和 3-(二氟甲基)-1-(β-D-吡喃葡萄糖基)-N-(3′,4′,5′-三氟联苯-2-基)-1H-吡咯-4-甲酰胺（M700F048）之和，以母体等价表示。

氟唑菌酰胺在动物源食品中的评估残留定义为：氟唑菌酰胺和 3-(二氟甲基)-N-[3′,4′,5′-三氟（1,1′-联苯)-2-基]-1H-吡唑-4-甲酰胺（M700F008）之和，以母体等价表示。

2. 标准制定进展

JMPR 共推荐了氟唑菌酰胺在紫花苜蓿、柑橘类水果等植物源食品中的 10 项农药最大残留限量。该农药在我国登记范围包括菜豆、草莓、番茄、黄瓜、辣椒、梨、马铃薯、芒果、苹果、葡萄、水稻、西瓜、香蕉、玉米共计 14 种（类）。我国制定了该农药 57 项残留限量标准。

氟唑菌酰胺相关限量标准及登记情况见表 7-9-1。

表 7-9-1　氟唑菌酰胺相关限量标准及登记情况

序号	食品类别/名称		JMPR 推荐残留限量标准/(mg/kg)	Codex 现有残留限量标准/(mg/kg)	GB 2763—2021 残留限量标准/(mg/kg)	我国登记情况
1	紫花苜蓿	Alfalfa hay	20 (dw)	无	无	无
2	柑橘类水果	Group of citrus fruit (includes all commodities in this group)	1	无	无	无
3	柑橘香精油（可食）	Citrus oil (edible)	60	无	无	无

（续）

序号	食品类别/名称		JMPR 推荐残留限量标准/(mg/kg)	Codex 现有残留限量标准/(mg/kg)	GB 2763—2021 残留限量标准/(mg/kg)	我国登记情况
4	咖啡豆	Coffee beans	0.15	无	无	无
5	棉籽	Cotton seed	0.5	0.3	0.01*	无
6	芒果	Mango	0.6	无	0.7*	无
7	橙（甜、酸）	Oranges, sweet, sour (including Orange-like hybrids)	W	0.3	无	无
8	番木瓜	Papaya	1	无	无	无
9	马铃薯	Potato	0.07	0.03	无	马铃薯
10	茎类和球茎类蔬菜（马铃薯除外）	Subgroup of tuberous and corm vegetables (except potato, includes all commodities in this subgroup)	0.03	无	无	无

* 临时限量；dw：以干重计；W：撤销限量。

CCPR 讨论情况：

委员会注意到欧盟、挪威和瑞士对拟议的柑橘类水果 MRL 草案持保留意见，因为其缺乏建立 CXL 组的试验。委员会同意将柑橘类水果和柑橘香精油（可食）的 MRLs 草案保留在第 4 步，等待 2019 年 JMPR 重新审议。委员会同意将其他拟议的 MRLs 草案推进至第 5/8 步，并撤销相关的 CXLs。

氟唑菌酰胺在我国已登记于马铃薯，且 JMPR 此次拟将马铃薯 MRL 由 0.03 mg/kg 调整为 0.07 mg/kg，为我国制定相关限量提供了参考。

3. 膳食摄入风险评估结果

（1）长期膳食暴露评估。氟唑菌酰胺的 ADI 为 0～0.02 mg/kg（以体重计）。JMPR 根据 STMR 或 STMR-P 评估了 17 簇 GEMS/食品膳食消费类别的 IEDIs。IEDIs 为最大允许摄入量的 6%～20%。基于本次评估的氟唑菌酰胺使用范围，JMPR 认为其残留长期膳食暴露不大可能引起公共健康关注。

（2）急性膳食暴露评估。氟唑菌酰胺的 ARfD 为 0.3 mg/kg（以体重计）。JMPR 根据本次评估的 HRs/HR-Ps 或者 STMRs/STMR-Ps 数据和现有的食品消费数据，计算了 IESTIs。对儿童来说，IESTIs 为 ARfD 的 0%～10%；对于普通人群，则为 0%～6%。基于本次评估的氟唑菌酰胺使用范围，JMPR 认为其残留急性膳食暴露不大可能引起公共健康关注。

十、异丙噻菌胺（isofetamid，290）

异丙噻菌胺是一种琥珀酸脱氢酶抑制剂类杀菌剂。2016 年 JMPR 首次对其进行了毒理学和残留评估。在 2017 年 CCPR 第 49 届会议上，异丙噻菌胺被列入 2018 年 JMPR 新用途评估农药。

1. 残留物定义

异丙噻菌胺在植物源食品中的监测与评估残留定义均为异丙噻菌胺。

异丙噻菌胺在动物源食品中的监测与评估残留定义均为异丙噻菌胺及 2-{3-甲基-4-[2-甲基-2-(3-甲基噻吩-2-甲酰胺基）丙酰基]苯氧基}丙酸（PPA）之和，以异丙噻菌胺表示。

2. 标准制定进展

JMPR 共推荐了异丙噻菌胺在樱桃亚组、西梅干等植物源食品中的 11 项农药最大残留限量。我国制定了异丙噻菌胺在油菜籽、菜籽油等食品上的 18 项农药最大残留限量。

异丙噻菌胺相关限量标准及登记情况见表 7-10-1。

表 7-10-1　异丙噻菌胺相关限量标准及登记情况

序号	食品类别/名称		JMPR 推荐残留限量标准/（mg/kg）	GB 2763—2021 残留限量标准/（mg/kg）	我国登记情况
1	具荚豆亚组	Subgroup of beans with pods (includes all commodities in this subgroup)	0.6	无	无

（续）

序号	食品类别/名称		JMPR 推荐残留限量标准/（mg/kg）	GB 2763—2021 残留限量标准/（mg/kg）	我国登记情况
2	灌木浆果亚组	Subgroup of bush berries (includes all commodities in this subgroup)	5	无	无
3	藤蔓浆果亚组	Subgroup of cane berries (includes all commodities in this subgroup)	3	4（蔓越莓）	无
4	樱桃亚组	Subgroup of cherries (includes all commodities in this subgroup)	4	无	无
5	干豆亚组〔大豆（干）除外〕	Subgroup of dry beans [except soya bean (dry)]	0.05	无	无
6	干豌豆亚组	Subgroup of dry peas (includes all commodities in this subgroup)	0.05	无	无
7	桃亚组（包括油桃和杏）	Subgroup of peaches (including nectarine and apricots) (includes all commodities in this subgroup)	3	3（猕猴桃）	无
8	具荚豌豆亚组	Subgroup of peas with pods (includes all commodities in this subgroup)	0.6	无	无
9	李亚组（包括新鲜西梅）	Subgroup of plums (including fresh prunes) (includes all commodities in this subgroup)	0.8	无	无
10	仁果类水果	Group of pome fruits (includes all commodities in this group)	0.6	无	无
11	西梅干	Prunes (dry)	3	无	无

CCPR 讨论情况：

委员会同意将灌木浆果亚组、干豆亚组［大豆（干）除外］和干豌豆亚组拟议的 MRLs 保留在第 4 步，根据欧盟、挪威和瑞士对推导计算得出的结果提出的保留意见（灌木浆果亚组）和评论（其余上述商品），等待 2019 年 JMPR 进行重新评估。委员会同意将 2018 年 JMPR 推荐的其他 MRLs 草案推进至第 5/8 步。

3. 膳食摄入风险评估结果

（1）长期膳食暴露评估。异丙噻菌胺的 ADI 为 0～0.05mg/kg（以体重计）。JMPR 根据 STMR 或 STMR-P 评估了 17 簇 GEMS/食品膳食消费类别的 IEDIs。IEDIs 占最大允许摄入量的 0%～6%。基于本次评估的异丙噻菌胺使用范围，JMPR 认为其残留长期膳食暴露不大可能引起公共健康关注。

（2）急性膳食暴露评估。异丙噻菌胺的 ARfD 是 3 mg/kg（以体重计）。JMPR 根据本次评估的 HRs/HR-Ps 或者 STMRs/STMR-Ps 数据和现有的食品消费数据，计算了 IESTIs。对于儿童，IESTIs 占 ARfD 的 0%～3%，对于普通人群，IESTIs 占 ARfD 的 0%。基于本次评估的异丙噻菌胺使用范围，JMPR 认为其残留急性膳食暴露不大可能引起公共健康关注。

十一、高效氯氟氰菊酯（lambda-cyhalothrin，146）

高效氯氟氰菊酯是一种拟除虫菊酯广谱类杀虫剂，1984 年 JMPR 首次对其进行了毒理学和残留评估。在此之后，1986 年、1988 年、2008 年及 2015 年 JMPR 对其进行了残留评估。2007 年 JMPR 对其进行了毒理学评估。2018 年，JMPR 对其新提交的毒理学数据其进行了评估，未进行残留资料评估。

毒理学评估

新提交的高效氯氟氰菊酯毒理学研究包括大鼠胆汁清除及转化研究、21 d 经皮毒理学研究、21 d 吸入毒理学研究、两项细菌基因突变研究及初步发育毒性研究。

通过对新提交的毒理学研究数据进行的评估，JMPR 认为新的毒理学研究对 2007 年制定的高效氯氟氰菊酯 ADI 0～0.02 mg/kg（以体重计）和 ARfD 0.02 mg/kg（以体重计）没有任何影响，而且，代谢物的经口毒性相对母体较低。

十二、虱螨脲（lufenuron，286）

虱螨脲是新一代取代脲类杀虫剂。2015 年 JMPR 首次将该农药作为新化合物进行了毒理学和残留评估。在此之后，在 2017 年 CCPR 第 49 届会议上，虱螨脲被列入 2018 年 JMPR 新用途评估农药。

1. 残留物定义

虱螨脲在动物源、植物源食品中的监测残留定义及评估残留定义均为虱螨脲。

虱螨脲在植物源食品中的监测残留定义与我国规定的一致。

2. 标准制定进展

JMPR 共推荐了虱螨脲在咖啡豆、可食用内脏（哺乳动物）等动植物源食品中的 11 项农药最大残留限量。该农药在我国登记范围包括菜豆、番茄、甘蓝、柑橘、林木、马铃薯、棉花、苹果、杨树共计 9 种（类）。我国制定了该农药 25 项残留限量标准。

虱螨脲相关限量标准及登记情况见表 7-12-1。

表 7-12-1　虱螨脲相关限量标准及登记情况

序号	食品类别/名称		JMPR 推荐残留限量标准/（mg/kg）	GB 2763—2021 残留限量标准/（mg/kg）	我国登记情况
1	咖啡豆	Coffee beans	0.07	无	无
2	可食用内脏（哺乳动物）	Edible offal（mammalian）	0.15	无	无
3	酸橙	Lime	0.4	无	柑橘

（续）

序号	食品类别/名称		JMPR 推荐残留限量标准/（mg/kg）	GB 2763—2021 残留限量标准/（mg/kg）	我国登记情况
4	哺乳动物脂肪	Mammalian fats	2	无	无
5	肉（哺乳动物，除海洋哺乳动物）	Meat（from mammals other than marine mammals）	2（fat）	无	无
6	玉米	Maize	0.01	无	无
7	奶	Milks	0.15	无	无
8	乳脂	Milk fats	5	无	无
9	橙亚组（甜，酸）	Subgroup of oranges（sweet，sour，includes all commodities in this subgroup）	0.3	0.5（橙）	柑橘
10	可食用橙油	Orange oil（edible）	8	无	柑橘
11	仁果类水果	Group of pome fruits（includes all commodities in this group）	1	1（苹果）	苹果

fat：溶于脂肪。

CCPR 讨论情况：

委员会得知欧盟规定的肉（哺乳动物，除海洋哺乳动物）中 MRL 可能与 JMPR 拟议的标准有所不同，这是因为欧盟规定的残留限量标准针对肌肉，而非针对肉类。委员会同意将所有拟议的 MRLs 草案推进至第 5/8 步，并撤销了相关的 CXLs。

虱螨脲在我国已登记于柑橘，且 JMPR 此次已推荐虱螨脲在酸橙、可食用橙油中的 MRL 分别为 0.4 mg/kg 及 8 mg/kg，为我国制定相关限量标准提供了参考。

虱螨脲在我国已登记于柑橘，JMPR 此次根据巴西提交的柑橘类水果残留试验数据，新推荐虱螨脲在橙亚组（甜，酸）中的

MRL 为 0.3 mg/kg，严于我国制定的橙 0.5 mg/kg。

3. 膳食摄入风险评估结果

（1）长期膳食暴露评估。虱螨脲的 ADI 为 0～0.02 mg/kg（以体重计）。JMPR 根据 STMR 或 STMR-P 评估了虫螨腈在 17 簇 GEMS/食品膳食消费类别的 IEDIs。IEDIs 占最大允许摄入量的 2%～10%。基于本次评估的虱螨脲使用范围，JMPR 认为其残留长期膳食暴露不大可能引起公共健康关注。

（2）急性膳食暴露评估。2015 年 JMPR 决定无须对虱螨脲制定 ARfD。基于本次评估的虱螨脲使用范围，JMPR 认为其残留急性膳食暴露不大可能引起公共健康关注。

十三、双炔酰菌胺（mandipropamid，231）

双炔酰菌胺是一种酰胺类杀菌剂。2008 年 JMPR 首次将该农药作为新化合物进行了毒理学和残留评估。在此之后，2013 年 JMPR 对其进行了残留评估。在 2017 年 CCPR 第 49 届会议上，双炔酰菌胺被列入 2018 年 JMPR 新用途评估农药。

1. 残留物定义

双炔酰菌胺在动物源、植物源食品中的监测及评估残留定义均为双炔酰菌胺。

双炔酰菌胺在植物源食品中的监测残留定义与 GB 2763—2018 规定的一致。

2. 标准制定进展

JMPR 年共推荐了双炔酰菌胺在可可豆、可食用内脏（哺乳动物）等动植物源食品中的 11 项农药最大残留限量。该农药在我国登记范围包括番茄、黄瓜、辣椒、荔枝、马铃薯、葡萄、西瓜共计 7 种（类）。我国制定了该农药 18 项残留限量标准。

双炔酰菌胺相关限量标准及登记情况见表 7-13-1。

表 7-13-1　双炔酰菌胺相关限量标准及登记情况

序号	食品类别/名称		JMPR 推荐残留限量标准/（mg/kg）	GB 2763—2021 残留限量标准/（mg/kg）	我国登记情况
1	具荚豆亚组	Subgroup of beans with pods (includes all commodities in this subgroup)	1	无	无
2	可可豆	Cacao bean	0.06	无	无
3	可食用内脏（哺乳动物）	Edible offal (mammalian)	0.01*	无	无
4	蛋	Eggs	0.01*	无	无
5	哺乳动物脂肪（乳脂除外）	Mammalian fats (except milk fats)	0.01*	无	无
6	肉类（哺乳动物，除海洋哺乳动物）	Meat (from mammals other than marine mammals)	0.01*	无	无
7	奶	Milks	0.01*	无	无
8	马铃薯	Potato	0.1	0.01**	马铃薯
9	可食用内脏（家禽）	Edible offal (poultry)	0.01*	无	无
10	家禽脂肪	Poultry fats	0.01*	无	无
11	家禽肉	Poultry meat	0.01*	无	无

* 方法定量限；** 临时限量。

CCPR 讨论情况：

委员会根据 2018 年 JMPR 的建议，同意将所有拟议的 MRLs 草案推进至第 5/8 步，并撤销了马铃薯的相关 CXL。

双炔酰菌胺在我国已登记于马铃薯，JMPR 此次调整的马铃薯中的 MRL 为 0.1 mg/kg，宽松于我国制定的马铃薯 MRL 0.01 mg/kg。

3. 膳食摄入风险评估结果

（1）长期膳食暴露评估。双炔酰菌胺的 ADI 为 0～0.2 mg/kg（以体重计）。JMPR 根据 STMR 或 STMR-P 评估了虫螨腈在 17 簇 GEMS/食品膳食消费类别的 IEDIs。IEDIs 为最大允许摄入量的 0%～6%。基于本次评估的双炔酰菌胺使用范围，JMPR 认为其残留长期膳食暴露不大可能引起公共健康关注。

（2）急性膳食暴露评估。2008 年 JMPR 决定无须对双炔酰菌胺制定 ARfD。基于本次评估的双炔酰菌胺使用范围，JMPR 认为其残留急性膳食暴露不大可能引起公共健康关注。

十四、氟噻唑吡乙酮（oxathiapiprolin，291）

氟噻唑吡乙酮是一种杀菌剂。2016 年 JMPR 首次将该农药作为新化合物进行了毒理学和残留评估。氟噻唑吡乙酮被列入 2018 年 JMPR 新用途评估农药。

1. 残留物定义

氟噻唑吡乙酮在动物源、植物源食品中的监测残留定义均为氟噻唑吡乙酮。

氟噻唑吡乙酮在动物源、植物源食品中的评估残留定义均为氟噻唑吡乙酮,5-(三氟甲基)-1H-吡唑-3-羧酸（IN-E8S72）和 1-β-D-吡喃葡萄糖基-3-(三氟甲基)-1H-吡唑-5-羧酸（IN-SXS67）之和，以母体表示。

2. 标准制定进展

JMPR 共推荐了氟噻唑吡乙酮在柑橘类水果亚组、可食用内脏（哺乳动物）等动植物源食品中的 25 项农药最大残留限量。该农药在我国登记范围包括大白菜、番茄、黄瓜、辣椒、马铃薯、葡萄共计 6 种（类）。我国尚未制定相关残留限量标准。

氟噻唑吡乙酮相关限量标准及登记情况如表 7-14-1 所示。

表 7-14-1　氟噻唑吡乙酮相关限量标准及登记情况

序号	食品类别/名称		JMPR 推荐残留限量标准/（mg/kg）	Codex 现有残留限量标准/（mg/kg）	GB 2763—2021 残留限量标准/（mg/kg）	我国登记情况
1	罗勒（新鲜）	Basil (fresh)	10	无	无	无
2	罗勒（干）	Basil (dry)	80	无	无	无
3	甘蔗浆果亚组	Subgroup of cane berries (includes all commodities in this subgroup)	0.5	无	无	无
4	柑橘类水果	Group of citrus fruit (includes all commodities in this group)	0.05	无	无	无
5	可食用柑橘油	Citrus oil (edible)	3	无	无	无
6	干制柑橘果肉	Citrus pulp (dry)	0.15	无	无	无
7	可食用内脏（哺乳动物）	Edible offal (mammalian)	W	0.01*	无	无
8	蛋	Eggs	0.01*	0.01*	无	无
9	十字花科叶类蔬菜亚组	Subgroup of leaves of Brassicaceae (includes all commodities in this subgroup)	10	无	无	无
10	玉米	Maize	0.01*	无	无	无
11	玉米饲料	Maize fodder	0.01*	无	无	无
12	哺乳动物脂肪（乳脂除外）	Mammalian fats (except milk fats)	W	0.01*	无	无
13	肉（哺乳动物，除海洋哺乳动物）	Meat (from mammals other than marine mammals)	W	0.01*	无	无

（续）

序号	食品类别/名称		JMPR 推荐残留限量标准/(mg/kg)	Codex 现有残留限量标准/(mg/kg)	GB 2763—2021 残留限量标准/(mg/kg)	我国登记情况
14	奶	Milks	W	0.01*	无	无
15	罂粟籽	Poppy seed	0.01*	无	无	无
16	马铃薯	Potato	W	0.01*	无	马铃薯
17	可食用内脏（家禽）	Edible offal（poultry）	0.01*	0.01*	无	无
18	家禽脂肪	Poultry fats	0.01*	0.01*	无	无
19	家禽肉	Poultry meat	0.01*	0.01*	无	无
20	大豆（干）	Soya bean（dry）	0.01*	无	无	无
21	大豆干草	Soya bean hay	0.02	无	无	无
22	葵花籽	Sunflower seed	0.01*	无	无	无
23	甘薯	Sweet potato	W	0.01*	无	无
24	块球茎类蔬菜亚组	Subgroup of tuberous and corm vegetables（includes all commodities in this subgroup）	0.04	无	无	马铃薯
25	幼枝亚组	Subgroup of young shoots（includes all commodities in this subgroup）	2	无	无	无

* 方法定量限；W：撤销限量。

CCPR 讨论情况：

委员会注意到欧盟、挪威和瑞士对拟议的 MRLs 持保留意见，对于初级植物源农产品是因为正在对代谢物 IN-WR791 的毒理学特性进行评估，对于动物源农产品是因为对预估的家畜膳食负载存在差异。委员会同意将 2018 年 JMPR 推荐的所有 MRLs 草案推进至第 5/8 步，同时撤销所对应的 CXLs。对于动物源农产品，委员会还决定撤销以下商品的 CXLs：可食用内脏（哺乳动物）、哺乳动物脂肪（乳脂除外）、肉（哺乳动物，除海洋哺乳动物）和奶。

氟噻唑吡乙酮在我国已登记于马铃薯，JMPR 此次推荐的块球茎类蔬菜亚组的 MRL 为 0.04 mg/kg，为我国制定相关残留限量标准提供了参考。

3. 膳食摄入风险评估结果

（1）长期膳食暴露评估。氟噻唑吡乙酮的 ADI 为 0~4 mg/kg（以体重计）。JMPR 根据 STMR 或者 STMR-P 评估了氟噻唑吡乙酮在 17 簇 GEMS/食品膳食消费类别的 IEDIs。此外，IEDI 的计算还包括轮作作物的残留量，这些残留物之前是由 2016 年会议为轮换商品计算的。IEDIs 为最大允许摄入量的 0%。基于本次评估的氟噻唑吡乙酮使用范围，JMPR 认为其残留长期膳食暴露不大可能引起公共健康关注。

（2）急性膳食暴露评估。2016 年 JMPR 决定无须对氟噻唑吡乙酮制定 ARfD。基于本次评估的氟噻唑吡乙酮使用范围，JMPR 认为其残留急性膳食暴露不大可能引起公共健康关注。

十五、丙溴磷（profenofos，171）

丙溴磷是一种杀虫剂，1990 年 JMPR 首次将该农药作为新化合物进行了毒理学和残留评估。在此之后，1992 年、1994 年、1995 年、2008 年及 2011 年 JMPR 对其进行了残留评估。2007 年 JMPR 对其进行了毒理学评估。2018 年丙溴磷被列入 JMPR 新用途评估农药。

1. 残留物定义

丙溴磷在动物源、植物源食品中的监测及评估残留定义均为丙溴磷。

2. 标准制定进展

JMPR 共推荐了丙溴磷 1 项农药最大残留限量。该农药在我国登记范围包括甘蓝、甘薯、柑橘树、棉花、苹果树、桑树、十字花科蔬菜、水稻共计 8 种（类）。我国制定了该农药 29 项残留限量标准。

丙溴磷相关登记情况及限量标准对比如表 7-15-1 所示。

表 7-15-1　丙溴磷相关限量标准及登记情况

序号	食品类别/名称		JMPR 推荐残留限量标准/(mg/kg)	Codex 现有残留限量标准/(mg/kg)	GB 2763—2021 残留限量标准/(mg/kg)	我国登记情况
1	咖啡豆	Coffee beans	0.04	无	无	无

CCPR 讨论情况：

委员会同意将推荐的咖啡豆的 MRL 草案推进至第 5/8 步。

3. 膳食摄入风险评估结果

（1）长期膳食暴露评估。丙溴磷的 ADI 为 0～0.03 mg/kg（以体重计）。JMPR 根据 STMR 或者 STMR-P 评估了丙溴磷在 17 簇 GEMS/食品膳食消费类别的 IEDIs。IEDIs 为最大允许摄入量的 0%～20%。基于本次评估的丙溴磷使用范围，JMPR 认为其残留长期膳食暴露不大可能引起公共健康关注。

（2）急性膳食暴露评估。丙溴磷的 ARfD 为 1 mg/kg（以体重计），JMPR 根据 HRs/HR-Ps 或者 STMRs/STMR-Ps 数据和现有的食品消费数据，计算了 IESTIs。IESTIs 为 ARfD 的 0%。基于本次评估的丙溴磷使用范围，JMPR 认为其残留急性膳食暴露不大可能引起公共健康关注。

十六、霜霉威（propamocarb，148）

霜霉威是一种具有局部内吸作用的低毒杀菌剂。1984 年 JMPR 首次将该农药作为新化合物进行了毒理学和残留评估。在此之后，1986 年、1987 年、2006 年及 2014 年 JMPR 对其进行了残留评估。1986 年及 2005 年 JMPR 对其进行了毒理学评估。在 2017 年 CCPR 第 49 届会议上，霜霉威被列入 2018 年 JMPR 新用途评估农药。

1. 残留物定义

霜霉威在动物源、植物源食品中的监测与评估残留定义均为霜霉威。

2. 标准制定进展

JMPR 共推荐了霜霉威在可食用内脏（哺乳动物）、哺乳动物脂肪（乳脂除外）等动物源食品中的 4 项农药最大残留限量。该农药在我国登记范围包括菠菜、花椰菜、黄瓜、马铃薯、烟草共计 5 种（类）。我国制定了该农药 31 项残留限量标准。

霜霉威相关限量标准及登记情况见表 7-16-1。

表 7-16-1 霜霉威相关限量标准及登记情况

序号	食品类别/名称		JMPR 推荐残留限量标准/（mg/kg）	Codex 现有残留限量标准/（mg/kg）	GB 2763—2021 残留限量标准/（mg/kg）	我国登记情况
1	可食用内脏（哺乳动物）	Edible offal (mammalian)	1.5	0.01*	0.01［哺乳动物内脏（除海洋哺乳动物）］	无
2	哺乳动物脂肪（乳脂除外）	Mammalian fats (except milk fats)	0.03	无	无	无
3	肉（哺乳动物，除海洋哺乳动物）	Meat (from mammals other than marine mammals)	0.03	0.01*	0.01	无
4	奶	Milks	0.01*	0.01*	0.01（生乳）	无

* 方法定量限。

CCPR 讨论情况：

委员会注意到欧盟、挪威和瑞士对拟定的可食用内脏（哺乳动物）、哺乳动物脂肪（乳脂除外）、肉（哺乳动物，除海洋哺乳动物）和奶的 MRLs 保留意见，因为其与委员会在残留物定义方面存在差别。JMPR 审查了生产商在 2018 年提交的牲畜数据，重新评估了其先前对于甘蓝、结球甘蓝和甘蓝类蔬菜的建议。委员会同意按照 2018 年 JMPR 建议将所有拟议的 MRLs 草案推进至第 5/8 步，并撤销相关的 CXLs。

JMPR 拟将霜霉威在可食用内脏（哺乳动物）MRL 由 0.01 mg/kg 调整至 1.5 mg/kg，宽松于我国制定的可食用内脏（哺乳动物，除海洋哺乳动物）0.01 mg/kg；拟将肉（哺乳动物，除海洋哺乳动物）MRL 由 0.01 mg/kg 调整至 0.03 mg/kg，宽松于我国制定的肉（哺乳动物，除海洋哺乳动物）MRL 0.01 mg/kg；拟新维持奶 MRL 为 0.01 mg/kg 不变，与我国制定的生乳 MRL 0.01 mg/kg 一致。

3. 膳食摄入风险评估结果

（1）长期膳食暴露评估。霜霉威的 ADI 为 0～0.4 mg/kg（以体重计）。JMPR 根据 STMR 或 STMR-P 评估了 17 簇 GEMS/食品膳食消费类别的 IEDIs。IEDIs 为最大允许摄入量的 0%～2%。基于本次评估的霜霉威使用范围，JMPR 认为其残留长期膳食暴露不大可能引起公共健康关注。

（2）急性膳食暴露评估。霜霉威的 ARfD 是 2 mg/kg（以体重计）。JMPR 根据本次评估的 HRs/HR-Ps 或者 STMRs/STMR-Ps 数据和现有的食品消费数据，计算了 IESTIs。对儿童来说，IESTIs 占 ARfD 的 0%；对于普通人群，则为 0%～1%。基于本次评估的霜霉威使用范围，JMPR 认为其残留急性膳食暴露不大可能引起公共健康关注。

十七、吡唑醚菌酯（pyraclostrobin，210）

吡唑醚菌酯是一种广泛使用的新型广谱甲氧基丙烯酸酯类杀菌剂。2003 年 JMPR 首次将该农药作为新化合物进行了毒理学评估。在此之后，2004 年、2006 年、2011 年、2012 年及 2014 年 JMPR 对其进行了残留评估。在 2017 年 CCPR 第 49 届会议上，吡唑醚菌酯被列入 2018 年 JMPR 新用途评估农药。

1. 残留物定义

吡唑醚菌酯在动物源、植物源食品中的监测与评估残留定义均为吡唑醚菌酯。

2. 标准制定进展

JMPR 共推荐了吡唑醚菌酯在苹果、可食用内脏（哺乳动物）等动植物源农产品中的 38 项农药最大残留限量。该农药在我国登记范围包括白菜、草坪、草莓、茶叶、大豆、大蒜、番茄、柑橘、观赏菊花、观赏玫瑰、花生、黄瓜、姜、辣椒、梨树、荔枝、马铃薯、芒果、棉花、苹果、葡萄、蔷薇科观赏花卉、三七、山药、水稻、桃树、甜瓜、西瓜、香蕉、小麦、烟草、玉米、枣树共计33种（类），我国制定了该农药117项残留限量标准。

吡唑醚菌酯相关限量标准及登记情况见表7-17-1。

表7-17-1　吡唑醚菌酯相关限量标准及登记情况

序号	食品类别/名称		JMPR 推荐残留限量标准/（mg/kg）	Codex 现有残留限量标准/（mg/kg）	GB 2763—2021残留限量标准/（mg/kg）	我国登记情况
1	苹果	Apple	W	0.5	0.5	苹果
2	芦笋	Asparagus	0.01*	无	0.2	无
3	鳄梨	Avocado	0.2	无	无	无
4	具荚豆亚组（菜豆除外）	Subgroup of beans with pods (except common bean)	0.3	无	0.02（食荚豌豆）	无
5	无荚蚕豆（新鲜籽粒）	Broad bean without pods (succulent seeds)	0.01	无	0.2〔杂粮类（豌豆、小扁豆除外）〕	无
6	可可豆	Cacao beans	0.01	无	无	无
7	胡萝卜	Carrot	W	0.5	0.5	无
8	芹菜	Celery	1.5	无	30	无
9	菜豆	Common bean	0.6	无	无	无
10	菜豆（新鲜籽粒）	Common bean (succulent seeds)	0.3	无	无	无
11	干豌豆亚组	Subgroup of dry peas (includes all commodities in this subgroup)	0.3	无	0.3（豌豆）	无
12	可食用内脏（哺乳动物）	Edible offal (mammalian)	0.05	0.05*	0.05**〔可食用内脏（哺乳动物，除海洋哺乳动物）〕	无

（续）

序号	食品类别/名称		JMPR 推荐残留限量标准/（mg/kg）	Codex 现有残留限量标准/（mg/kg）	GB 2763—2021 残留限量标准/（mg/kg）	我国登记情况
13	结球莴苣	Lettuce, head	40	2	2（叶用莴苣）	无
14	哺乳动物脂肪（乳脂除外）	Mammalian fats (except milk fats)	0.5	无	无	无
15	肉（哺乳动物，除海洋哺乳动物）	Meat (from mammals other than marine mammals)	0.5（fat）	0.5（fat）	0.5**	无
16	芒果	Mango	0.6	0.05*	0.05	芒果
17	奶	Milks	0.03	0.03	0.03**（生乳）	无
18	榨油橄榄	Olives for oil production	0.01	无	0.4［油籽类（棉籽、大豆、花生仁除外）］	无
19	橄榄油（粗制）	Olive oil, virgin	0.07	无	无	无
20	具荚豌豆类亚组	Subgroup of peas with pods	0.3	无	0.02（食荚豌豆）	无
21	豌豆（具荚且多汁＝未成熟籽粒）	Peas (pods and succulent＝immature seeds)	W	0.02*	0.02（食荚豌豆）	无
22	西番莲	Passion fruit	0.2	无	无	无
23	菠萝	Pineapple	0.3	无	1	无
24	仁果类水果	Pome fruits (includes all commodities in this group)	0.7	无	0.5（苹果）0.5（梨）	苹果、梨
25	马铃薯	Potato	W	0.02*	0.02	马铃薯
26	萝卜	Radish	W	0.5	0.5	无
27	稻谷	Rice	1.5	无	5	水稻
28	糙米	Rice, husked	0.09	无	1（糙米）	水稻
29	精米	Rice, polished	0.03	无	无	水稻

（续）

序号	食品类别/名称		JMPR 推荐残留限量标准/（mg/kg）	Codex 现有残留量标准/（mg/kg）	GB 2763—2021 残留量标准/（mg/kg）	我国登记情况
30	稻秸秆（干）	Rice straw and fodder (dry)	5（dw）	无	无	水稻
31	根类蔬菜亚组	Subgroup of root vegetables (includes all commodities in this subgroup)	0.5	无	0.5（萝卜） 0.5（胡萝卜）	姜
32	菠菜	Spinach	1.5	无	20	无
33	无荚嫩豌豆亚组	Subgroup of succulent peas without pods (includes all commodities in this subgroup)	0.08	无	0.02（食荚豌豆）	无
34	甘蔗	Sugar cane	0.08	无	无	无
35	食用橄榄	Table olives	0.01	无	无	无
36	茶叶	Tea, green, black (black, fermented and dried)	6	无	10（茶叶）	茶
37	茎类和球茎类蔬菜亚组	Subgroup of tuberous and corm vegetables (includes all commodities in this subgroup)	0.02*	无	0.02（马铃薯）	马铃薯
38	维特罗夫菊苣（叶/芽）	Witloof chicory (leaves/sprouts)	0.09	无	无	无

* 方法定量限；** 临时限量；W：撤销限量；fat：溶于脂肪；dw：以干重计。

CCPR 讨论情况：

委员会注意到欧盟、挪威和瑞士对以下拟议的 MRLs 草案持保留意见：结球莴苣和仁果类水果，由于其存在急性风险问题；可食用内脏（哺乳动物）、哺乳动物脂肪（乳脂除外）、肉（哺乳动物，除海洋哺乳动物）和奶，由于考虑到饲养条件研究的必要性；根类蔬菜亚组，由于缺乏甜菜根和糖用甜菜根的相关试验；菠菜，由于 2018 年 JMPR 报告中的 HR 不正确；以及茶叶，由于其残留试验的数量不足。委员会注意到由于对巴西消费者的急性风险问题，巴西对拟定的结球莴苣的 MRL 草案持保留意见。JMPR 称 1 份新的根类蔬菜亚组分类已经提交用以开展 2019 年的 JMPR 评估，并且将重新审议根类蔬菜的 CXL。JMPR 秘书处澄清报告中的菠菜 HR 0.91 mg/kg 来自原始数据，生产商应提供正确的数据。委员会决定在第 4 步保留所推荐的根类蔬菜亚组和菠菜的 MRLs，并保留胡萝卜、糖用甜菜根和萝卜的 CXLs，等待 JMPR 对根类蔬菜亚组 MRL 的重新评估结果和制造商对菠菜 HR 的修正结果。委员会同意按照 2018 年 JMPR 的建议将所有其他 MRLs 草案推进至第 5/8 步，并撤销相关的 CXLs。

　　JMPR 拟建立吡唑醚菌酯在带荚豆亚组（菜豆除外）MRL 为 0.3 mg/kg，无荚嫩豌豆亚组 MRL 为 0.08 mg/kg，均宽于我国制定的食荚豌豆 0.02 mg/kg；将结球莴苣 MRL 由 2 mg/kg 修改为 40 mg/kg，宽于我国制定的叶用莴苣 2 mg/kg，且我国尚未在上述作物中登记。此外，尽管 JMPR 此次拟建立吡唑醚菌酯在无荚蚕豆（新鲜籽粒）MRL 为 0.01 mg/kg，严于我国制定的杂粮类（豌豆、小扁豆除外）MRL 0.2 mg/kg；建立榨油橄榄 MRL 为 0.01 mg/kg，严于我国制定的油籽类（棉籽、大豆、花生仁除外）MRL 0.4 mg/kg，但我国尚未在上述作物中登记。JMPR 此次还撤销了一系列原本与我国 MRL 一致的限量，具体包括胡萝卜 0.5 mg/kg、豌豆（具荚且多汁＝未成熟籽粒）0.02 mg/kg、萝卜 0.5 mg/kg，而我国尚未在上述作物中登记。此外在我国未登记作物中，JMPR 还建立一系列与我国 MRL 一致的限量，具体包括干豌豆亚组 0.3 mg/kg 与我国豌豆 MRL 一致，肉（哺乳动物，除海洋哺乳动物）0.5 mg/kg 与我国肉（哺乳动物，除海洋哺乳动物）MRL 一致，奶 0.03 mg/kg 与我国生乳 MRL 一致，根类蔬菜亚组 0.5 mg/kg 与我国胡萝卜、萝卜 MRL 一致。在我国已登记作物方面，尽管吡唑醚菌酯在我国已在芒果、苹果、马铃薯中登记，但此次 JMPR 此次拟将芒果 MRL 由 0.05 mg/kg 调整为 0.6 mg/kg，宽于我国芒果 MRL 0.05 mg/kg，；拟建立的仁果类水果 MRL 为 0.7 mg/kg，宽于我国苹果和梨 MRL 0.5 mg/kg；拟新建立的茎类和球茎类蔬菜亚组 MRL 为 0.02 mg/kg，与我国马铃薯 MRL 0.02 mg/kg 一致。

吡唑醚菌酯在我国已登记于姜、水稻，且 JMPR 此次新建立的根类蔬菜亚组 MRL 为 0.5 mg/kg、精米 MRL 为 0.03 mg/kg、稻秸秆（干）饲料 MRL 为 5 mg/kg，为我国制定相关限量提供了参考。

吡唑醚菌酯在我国已登记于茶叶，但 JMPR 此次根据日本提交的茶叶残留试验数据，新推荐了吡唑醚菌酯在茶叶 MRL 为 6 mg/kg，严于我国制定的茶叶 10 mg/kg。

3. 膳食摄入风险评估结果

（1）长期膳食暴露评估。吡唑醚菌酯的 ADI 为 0～0.03 mg/kg（以体重计）。JMPR 根据 STMR 或 STMR-P 估计了 17 簇 GEMS/食品膳食消费类别的 IEDIs。IEDIs 为最大允许摄入量的 1%～7%。基于本次评估的吡唑醚菌酯使用范围，JMPR 认为其残留长期膳食暴露不大可能引起公共健康关注。

（2）急性膳食暴露评估。吡唑醚菌酯的 ARfD 是 0.7 mg/kg（以体重计）。JMPR 根据本次评估的 HRs/HR-Ps 或者 STMRs/STMR-Ps 数据和现有的食品消费数据，计算了 IESTIs。对儿童来说，IESTIs 为 ARfD 的 0%～60%；对于普通人群，则在 0%～30%。基于本次评估的吡唑醚菌酯使用范围，JMPR 认为其残留急性膳食暴露不大可能引起公共健康关注。

十八、吡丙醚（pyriproxyfen，200）

吡丙醚是一种杀虫剂。1999 年 JMPR 首次将该农药作为新化合物进行了毒理学和残留评估。在此之后，2000 年 JMPR 对其进行了残留评估。2001 年 JMPR 对其进行了毒理学评估。在 2017 年 CCPR 第 49 届会议上，吡丙醚被列入 2018 年 JMPR 新用途评估农药。

1. 残留物定义

吡丙醚在动物源、植物源食品中的监测与评估残留定义均为吡丙醚。

2. 标准制定进展

JMPR 共推荐了吡丙醚在黄瓜、茄子等植物源食品中的 10 项农药最大残留限量。该农药在我国登记范围包括番茄、甘蓝、柑橘、黄瓜、姜、室内、室外、卫生、枣树共计 9 种（类），我国制定了该农药 15 项残留限量标准。

吡丙醚相关限量标准及登记情况见表 7-18-1。

表 7-18-1　吡丙醚相关限量标准及登记情况

序号	食品类别/名称		JMPR 推荐残留限量标准/（mg/kg）	GB 2763—2021 残留限量标准/（mg/kg）	我国登记情况
1	黄瓜	Cucumbers	0.04	0.05	黄瓜
2	茄子	Eggplant	0.6	无	无
3	腌制用小黄瓜	Gherkins	0.04	无	黄瓜
4	瓜类（西瓜除外）	Melons（except watermelon）	0.07	无	无
5	番木瓜	Papaya	0.3	无	无
6	辣椒	Peppers	0.6	无	无
7	红辣椒（干）	Peppers chili（dry）	6	无	无
8	菠萝	Pineapple	0.01	无	无
9	西葫芦	Summer squash	0.04	无	无
10	番茄	Tomato	0.4	1	番茄

CCPR 讨论情况：

委员会同意根据 2018 年 JMPR 的建议将所有拟议的 MRLs 草案推进至第 5/8 步。

吡丙醚在我国已登记于黄瓜，且 JMPR 此次新建立的黄瓜 MRL 为 0.04 mg/kg，腌制用小黄瓜 MRL 为 0.04 mg/kg，为我国制定相关限量提供了参考。

吡丙醚在我国已登记于番茄，JMPR 此次根据意大利提交的番茄残留试验数据，新推荐了吡丙醚在番茄中 MRL 为 0.4 mg/kg，严于我国制定的番茄 1 mg/kg。

3. 膳食摄入风险评估结果

（1）长期膳食暴露评估。吡丙醚的 ADI 为 0～0.1mg/kg（以体重计）。JMPR 根据 STMR 或 STMR-P 评估了 17 簇 GEMS/食品膳食消费类别的 IEDIs。IEDIs 为最大允许摄入量的 0%～1%。基于本次评估的吡丙醚使用范围，JMPR 认为其残留长期膳食暴露不大可能引起公共健康关注。

（2）急性膳食暴露评估。1999 年 JMPR 决定无须对吡丙醚制定 ARfD。基于本次评估的吡丙醚使用范围，JMPR 认为其残留急性膳食暴露不大可能引起公共健康关注。

十九、氟啶虫胺腈（sulfoxaflor，252）

氟啶虫胺腈是一种新烟碱类杀虫剂。2011 年 JMPR 首次对其进行了毒理学和残留评估。2013 年、2014 年及 2016 年 JMPR 对其进行了残留评估。在 2017 年 CCPR 第 49 届会议上，氟啶虫胺腈被列入 2018 年 JMPR 新用途评估农药。

1. 残留物定义

氟啶虫胺腈在动物源、植物源食品中的监测与评估残留定义均为氟啶虫胺腈。

2. 标准制定进展

JMPR 共推荐了氟啶虫胺腈在可食用内脏（哺乳动物）、玉米等动植物源食品中的 15 项农药最大残留限量。该农药在我国登记范围包括白菜、甘蓝、柑橘、黄瓜、棉花、苹果、葡萄、水稻、桃、西瓜、小麦共计 11 种（类），我国制定了该农药 46 项残留限量标准。

氟啶虫胺腈相关限量标准及登记情况见表7-19-1。

表 7-19-1 氟啶虫胺腈相关限量标准及登记情况

序号	食品类别/名称		JMPR 推荐残留限量标准/（mg/kg）	Codex 现有残留限量标准/（mg/kg）	GB 2763—2021 残留限量标准/（mg/kg）	我国登记情况
1	可食用内脏（哺乳动物）	Edible offal (mammalian)	1	0.6	0.6**[可食用内脏（哺乳动物，除海洋哺乳动物）]	无
2	玉米	Maize	0.01*	无	无	无
3	玉米饲料（干）	Maize fodder (dry)	0.6	无	无	无
4	哺乳动物脂肪	Mammalian fats	0.2	0.1	0.1**[哺乳动物脂肪（乳脂除外）]	无
5	肉（哺乳动物，除海洋哺乳动物外）	Meat (from mammals other than marine mammals)	0.4	0.3	0.3**[哺乳动物肉类（海洋哺乳动物除外）]	无
6	奶	Milks	0.3	0.2	0.2**（生乳）	无
7	家禽肉	Poultry meat	0.7	0.1	0.1**	无
8	稻谷	Rice	7	无	5**	水稻
9	糙米	Rice, polished	1	无	2**	水稻
10	精米	Rice, husked	1.5	无	无	水稻
11	稻秸秆（干）	Rice straw and fodder (dry)	20	无	无	水稻
12	高粱	Sorghum	0.2	无	无	无
13	高粱秸秆（干）	Sorghum straw and fodder (dry)	0.7	无	无	无
14	甜玉米（玉米棒）（去壳玉米粒和玉米芯）	Sweet corn (corn on the cob) (kernels plus cobs with husks removed)	0.01*	无	无	无

（续）

序号	食品类别/名称		JMPR 推荐残留限量标准/（mg/kg）	Codex 现有残留限量标准/（mg/kg）	GB 2763—2021 残留限量标准/（mg/kg）	我国登记情况
15	树生坚果	Group of tree nuts (includes all commodities in this group)	0.03	无	无	无

* 方法定量限；** 临时限量。

CCPR 讨论情况：

委员会同意按照 2018 年 JMPR 的建议，撤销以往的氟啶虫胺腈的相关限量及拟议的树生坚果限量，将其他所有拟议的氟啶虫胺腈残留限量推进至 5/8 步。

氟啶虫胺腈在我国已登记于水稻，JMPR 此次已推荐其在精米及稻秸秆（干）共 2 项 MRLs，为我国制定相关限量提供了参考；JMPR 拟建立氟啶虫胺腈在糙米中的 MRL 为 1 mg/kg，严于我国制定的糙米 2 mg/kg；

3. 膳食摄入风险评估结果

（1）长期膳食暴露评估。氟啶虫胺腈的 ADI 为 0～0.05 mg/kg（以体重计）。JMPR 根据 STMR 或 STMR-P 评估了 17 簇 GEMS/食品膳食消费类别的 IEDIs。IEDIs 占最大允许摄入量的 2%～9%。基于本次评估的氟啶虫胺腈的使用范围，JMPR 认为其残留长期膳食暴露不大可能引起公共健康关注。

（2）急性膳食暴露评估。氟啶虫胺腈的 ARfD 为 0.3 mg/kg（以体重计）。JMPR 根据本次评估的 HRs/HR-Ps 或者 STMRs/STMR-Ps 数据和现有的食品消费数据，计算了 IESTIs。对于儿童，IESTIs 占 ARfD 的 0%～20%，对于普通人群，IESTIs 占 ARfD 的 0%～10%。基于本次评估的氟啶虫胺腈使用范围，JMPR 认为其残留急性膳食暴露不大可能引起公共健康关注。

第八章　CCPR 特别关注的农药

2017 年 CCPR 第 49 次会议上，对 JMPR 推荐的 4 种农药限量标准提出了特别关注，2018 年 JMPR 对这些关注给予了回应，分别为苯并烯氟菌唑、丙环唑、氟吡菌酰胺和嘧菌环胺，相关研究结果如下。

一、苯并烯氟菌唑（benzovindiflupyr，261）

2016 年 JMPR 制定苯并烯氟菌唑在豆类（干）中的 MRL 为 0.15 mg/kg，在豌豆（干）中的 MRL 为 0.2 mg/kg。然而，许多特定种类的干豆类食品没有设立 CXL，包括但不限于蚕豆、鹰嘴豆和小扁豆，这导致了加拿大在干豆和豌豆出口市场中处于困难处境。因此生产商希望 JMPR 能将豆类（干，VD 0071）和豌豆（干，VD 0072）的最大残留限量分别外推至亚组 15A、干豆类（VD 2065）及亚组 15B、干豆类（VD 2066）。

针对这一问题，2016 年 JMPR 基于加拿大在豆类（不包括大豆）中的 GAP 条件制定苯并烯氟菌唑在豆（干）中的 MRL 为 0.15 mg/kg，STMR 为 0.011 mg/kg；基于巴拉圭的 GAP 条件制定大豆（干）中的 MRL 为 0.08 mg/kg，STMR 为 0.01 mg/kg。而两者的 GAP 条件有不同之处：加拿大的有效成分施用剂量为 $2 \times 75 \text{g/hm}^2$，施药间隔期 7 d，安全间隔期（PHI）15 d；巴拉圭的有效成分施用剂量为 $3 \times 45 \text{ g/hm}^2$，施药间隔期 14 d，安全间隔期 21 d。JMPR 认为由于 GAP 条件的区别，干豆类中推荐的最大残留水平无法外推至干豆类的全部亚组。JMPR 决定将当前推荐的豆类（干，VD 0071）最大残留水平 0.15 mg/kg 外推至亚组 15A、干豆类（VD 2065），不包括大豆，并撤销之前推荐的豆类（干，VD0071）最大残留水平 0.15 mg/kg。

2016 年 JMPR 基于加拿大在豆类（不包括大豆）中的 GAP 条件制定苯并烯氟菌唑在豌豆（干）中的 MRL 为 0.2 mg/kg，STMR 为 0.014 mg/kg。JMPR 决定将推荐的豌豆（干，VD 0072）最大残留水平 0.2 mg/kg 外推至亚组 15B、干豌豆（VD 2066），并撤销之前推荐的豌豆（干，VD0072）最大残留水平 0.2 mg/kg。

对于动物膳食负担的计算，干豆和干豌豆类中最大残留水平的外推不会对其造成影响，因此之前推荐的动物源食品中的最大残留水平不受影响。

苯并烯氟菌唑最大残留限量对比及登记情况汇总见表 8-1-1。

表 8-1-1　苯并烯氟菌唑最大残留限量对比及登记情况汇总

序号	食品类别/名称		JMPR 推荐残留限量标准/（mg/kg）	GB 2763—2021 残留限量标准/（mg/kg）	我国登记情况
1	豆类（干）	Beans（dry）	W	0.08*（大豆）	无
2	干豆亚组［大豆（干）除外］	Subgroup of dry beans［except soya bean（dry）］	0.15	无	无
3	干豌豆亚组	Subgroup of dry peas（includes all commodities in this subgroup）	0.2	无	无
4	豌豆（干）	Peas（dry）	W	无	无

*临时限量；W：撤销限量。

CCPR 讨论情况：

CCPR 同意了 JMPR 的外推建议，将苯并烯氟菌唑的 MRLs 从豆类（干）和豌豆（干）外推至干豆亚组［大豆（干）除外］和干豌豆亚组，并撤销了豌豆（干）和豆类（干）的限量标准。

苯并烯氟菌唑在我国尚未登记，且我国制定残留限量标准涉及的作物不包括 JMPR 此次制定 MRL 的评估作物；同时 JMPR 推荐 ADI 及残留定义与我国一致。

二、嘧菌环胺（cyprodinil，207）

在 CCPR 第 50 届会议上，欧盟对 2017 年 JMPR 利用 CF* 3 平均值（3 倍变异系数）方法来推荐采后施用的最大残留限量表示关注。同时，欧盟还提出植物代谢数据仅来自叶面喷施的试验，没有来自采后施用的代谢数据。

JMPR 表示，3* 平均值方法用于确保方差系数至少为 0.5，因为较小的数据集可能会低估标准差（SD）。虽然嘧菌环胺采后施用的数据集标准差较低（嘧菌环胺/石榴为 0.37），但 JMPR 认为由于采后施用预计的同质残留物更多，因此在估计最大残留量时考虑低 SD 是不合理的，因此以 CF* 3 平均值方法为基础没有问题。JMPR 认为 2017 年采用平均值＋4SD 方法（4 倍方差）来考虑采后施用可能会得到更精确的最大残留量。

JMPR 表示，植物代谢数据涵盖了 3 种作物叶面施用后的代谢结果。嘧菌环胺的植物代谢数据还包括喷洒市面商品即暴露在实际应用中的数据。嘧菌环胺在不同作物组中观察到的代谢特征相似，因此用于估计最大残留水平和膳食暴露的残留定义涵盖所有作物类别。JMPR 认为采后施用不太可能产生比叶面喷施更广泛的代谢残留。嘧菌环胺的残留物定义包括其母体化合物，因此如果在采后施用的作物中发生不太广泛的代谢，则不需要考虑其母体的残留水平。此外，嘧菌环胺的数据表明不存在储存时总残留物降解的问题。因此，JMPR 认为嘧菌环胺的残留物定义将涵盖采后施用。2017 年 JMPR 评估的采后施用的残留数据适用于最大残留限量的估算，以及 STMR、HR 的估算和长短期膳食风险评估。

三、氟吡菌酰胺（fluopyram，243）

2017 年 JMPR 对氟吡菌酰胺进行了新用途评估，包括在大米中的残留限量标准。根据当时的数据推荐在稻谷上的最大残留限量为 4 mg/kg，STMR 为 0.615 mg/kg。而第 50 届 CCPR 会议时已有合适的加工因子数据，可以据此推荐糙米和精米中的残留限量标准。

根据 2017 年 JMPR 估计的糙米的加工系数 0.29，将其应用在稻谷的最大残留限量为 4 mg/kg，STMR 为 0.615 mg/kg，估算得到的糙米中的氟吡菌酰胺最大残留限量为 1.5 mg/kg，STMR 为 0.18 mg/kg。根据 2017 年 JMPR 估计的精米的加工系数 0.11，估算得到的精米中的最大残留限量为 0.5 mg/kg，STMR 为 0.068 mg/kg。

JMPR 重新讨论了其对于番茄和辣椒亚组的外推规定并同意重新审议 2017 年 JMPR 对这些亚组最大残留限量的推荐。

对于氟吡菌酰胺，美国水果蔬菜的主要 GAP 条件为有效成分施用剂量 2×250 g/hm^2，PHI 为 0 d。JMPR 同意将先前推荐的氟吡菌酰胺在番茄中的 0.5 mg/kg 的最大残留限量外推到番茄亚组，取代以往对于番茄 0.5 mg/kg 和樱桃番茄 0.4 mg/kg 的推荐限量。

四、丙环唑（propiconazole，160）

在 CCPR 第 50 届会议上，欧盟对 2017 年 JMPR 利用 CF[*] 3 平均值（3 倍变异系数）方法来推荐采后施用的最大残留限量表示关注。同时，欧盟还提出植物代谢数据仅来自叶面喷施的试验，没有来自采后施用的代谢数据。

JMPR 表示，3[*] 平均值方法用于确保方差系数至少为 0.5，因为较小的数据集可能会低估标准差（SD）。虽然丙环唑采后施用的数据集标准差较低（丙环唑/樱桃为 0.34，丙环唑/桃为 0.032，丙环唑/李子为 0.049），但 JMPR 认为由于采后施用预计的同质残留物更多，因此在估计最大残留量时考虑低 SD 是不合理的，因此以 CF＊3 平均值方法为基础没有问题。JMPR 认为 2017 年采用平均值＋4SD 方法来考虑采后施用可能会得到更精确的最大残留量。

JMPR 表示，植物代谢数据涵盖了 3 种作物叶面施用后的代谢结果。丙环唑的植物代谢数据还包括喷洒市面商品即暴露在实际应用中的数据。JMPR 认为采后施用不太可能产生比叶面喷施更广泛的代谢残留。丙环唑的残留物定义包括其母体化合物，因此如果在采后施用的作物中发生不太广泛的代谢，则不需要考虑其母体的残留水平。此外，丙环唑的相关数据表明不存在储存时总残留物降解的问题。因此，JMPR 认为丙环唑的残留物定义将涵盖采后施用。2017 年 JMPR 评估的采后施用的残留数据适用于最大残留限量的估算，以及 STMR、HR 的估算和长短期膳食风险评估。

附录 国际食品法典农药最大
残留限量标准制定程序

在国际食品法典农药残留限量标准制定中，JMPR作为风险评估机构，负责开展风险评估，CAC和CCPR作为风险管理机构，负责提供有关风险管理的意见并进行决策。

一、食品法典农药残留限量标准制定程序

食品法典农药残留限量标准的制定遵循《食品法典》标准制定程序，标准制定通常分为八步，俗称"八步法"[①]。

第1步：制定农药评估工作时间表和优先列表。食品法典农药残留限量标准制定过程首先是要有一个法典成员或观察员提名一种农药进行评价，提名通过后，CCPR与JMPR秘书处协商确定评价优先次序，安排农药评价时间表。提名主要包括以下4个方面：新农药、周期性评价农药、JMPR已评估过的农药的新用途以及其他需要关注的评价（例如毒理学关注或者GAP发生变化）。被提名的农药必须满足以下要求，即该农药已经或者计划在成员所在国登记使用，提议审议的食品或饲料存在国际贸易，并且该农药的使用预计将会在国际贸易中流通的某种食品或饲料中存在残留，同时提名该农药的法典成员或观察员承诺按照JMPR评审要求提供相关数据资料[②]。

第2步：JMPR评估并推荐农药残留限量标准建议草案。

---

① FAO Submission and evaluation of pesticide residues data for the estimation of maximum residue levels in food and feed，3 rd ed，2016

② FAO/WHO Codex "Risk Analysis Principles Applied by the Codex Committee on Pesticide Residues"

JMPR 推荐食品和饲料中 MRLs 基于良好农业规范（GAP），同时考虑到膳食摄入情况，符合 MRLs 标准的食品被认为在毒理学上风险可以接受。WHO 核心评估小组（WHO/JMPR panel）审议毒理学数据，确定毒理学终点，推荐每日允许摄入量（ADI）和急性参考剂量（ARfD）。FAO 农药残留专家组（FAO/JMPR panel）审议农药登记使用模式、残留环境行为、动植物代谢、分析方法、加工行为和规范残留试验数据等残留数据，确定食品和饲料中农药残留物定义（residue definition）、规范残留试验中值（STMR）、残留高值（HR）和最大残留限量推荐值（MRL）。随后，JMPR 对短期（1 d）和长期的膳食暴露进行估算并将其结果与相关的毒理学基准进行比较，风险可以接受则推荐到 CCPR 进行审议。

第 3 步：征求成员和所有相关方意见。食品法典秘书处准备征求意见函（CL），征求法典成员或观察员和所有相关方对 JMPR 推荐的残留限量建议草案的意见。征求意见函一般在 CCPR 年会召开前 4～5 个月发出，法典成员或观察员可以通过电邮或者传真将意见直接提交到 CCPR 秘书处或工作组。

第 4 步：CCPR 审议标准建议草案。CCPR 召开年度会议，讨论并审议农药残留限量标准建议草案以及成员意见。如果标准建议草案未能通过成员的审议，则退回到第二步重新评估，或者停止制定。如标准建议草案没有成员的支持、反对或异议时，可以考虑采取"标准加速制定程序"。

第 5 步：CAC 审议标准草案。CCPR 审议通过的标准建议草案，提交 CAC 审议。

第 5/8 步：如果成员对经 CAC 审议通过的标准建议草案无异议，即可成为食品法典标准。在这种情况下，就无须进行第 6、7 步，而是从第 5 步直接到第 8 步，即标准加速制定程序。

第 6 步：再次征求成员和所有相关方意见。法典成员或观察员和所有相关方就 CAC 审议通过的标准草案提出意见。

第 7 步：CCPR 再次审议标准草案。CCPR 召开年度会议，讨论并审议农药残留限量标准草案以及成员意见。

第8步：CAC通过标准草案，并予以公布。CCPR审议通过的标准草案，提交CAC审议。CAC审议通过，成为一项法典标准。

二、标准加速制定程序

上文提到的第5/8步，是为加速农药残留限量标准的制定而采取的标准加速程序。当推荐的标准建议草案在第一轮征求意见和CCPR审议时没有成员提出不同意见时，CCPR可建议CAC省略第6步和第7步，即省略第二轮征求意见步骤，直接进入第8步，提交CAC大会通过并予以公布。使用该程序的先决条件是JMPR的评估报告（电子版）至少在2月初可以上网获得，同时JMPR在评估中没有提出膳食摄入风险的关注。标准加速程序如下：

第1步：制定农药评估优先列表。

第2步：JMPR评估并推荐农药残留限量标准建议草案。

第3步：征求成员和所有相关方意见。

第4步：CCPR审议标准建议草案。

第5步：CAC通过标准草案，并予以公布。